dtv

W0231242

»Es ist fraglos eine der großen Stärken dieses Buches, daß es das romantische Naturideal in kompromißloser Schärfe mit dem weit weniger idyllischen Naturbild der Evolutionstherorie konfrontiert. Dabei gerät beinahe zwangsläufig auch das gegenwärtig so populäre Konzept der Selbstorganisation ins Kreuzfeuer der Kritik. Zwar ist auch Wuketits davon überzeugt, daß das Theorem der Selbstorganisation hilfreich ist, um die Eigendynamik komplexer Systeme zu verstehen. Er kritisiert aber die falschen Hoffnungen, die sich für viele aus diesem Konzept ergeben. Denn die ›Natur‹ ist nicht per se auf höhere Organisationsformen, auf ein ›besseres, harmonischeres Ganzes‹ ausgerichtet. Der evolutionäre Prozeß ist vielmehr ein ziellos verlaufender ›Zickzackweg auf dem schmalen Grad des Lebens‹, in dem Selbstorganisation und Selbstzerstörung stets Hand in Hand gehen.«
Pro Zukunft

Franz M. Wuketits, Dr. phil., geboren 1955, lehrt seit 1979 an der Universität Wien sowie seit 1987 an der Universität Graz. 1982 erhielt er den Österreichischen Staatspreis für Wissenschaftliche Publizistik. Er ist Autor und Herausgeber zahlreicher Bücher, zuletzt bei <u>dtv</u>: ›Naturkatastrophe Mensch‹ (<u>dtv</u> 33063).

Franz M. Wuketits

Die Selbstzerstörung der Natur

Evolution und die Abgründe des Lebens

Deutscher Taschenbuch Verlag

Von Franz M. Wuketits
ist im Deutschen Taschenbuch Verlag erschienen:
Naturkatastrophe Mensch (33063)

Ungekürzte Ausgabe
Juli 2002
Deutscher Taschenbuch Verlag GmbH & Co. KG,
München
www.dtv.de
© 1999 Patmos Verlag, Düsseldorf
Umschlagkonzept: Balk & Brumshagen
Umschlagbild: »Aporisches Ballett« (1946) von Rudolf Hausner
Satz: Medienhaus Froitzheim AG, Bonn, Berlin
Druck und Bindung: Druckerei C. H. Beck, Nördlingen
Gedruckt auf säurefreiem, chlorfrei gebleichtem Papier
Printed in Germany · ISBN 3-423-33079-1

Inhalt

»Von den kleinsten Insekten bis hin zum Rhinozeros und zum
Elefanten ist die Erde ein einziger Tummelplatz für Kriege,
Hinterhalte, Blutbäder, Vernichtung.
Es gibt kein Tier, das nicht seine Beute hätte und sich ihrer nicht
mit einer bestimmten List und geradezu böser Wut
zu bemächtigen suchte.«

F. M. VOLTAIRE

»Und so lang du das nicht hast,
Dieses: Stirb und werde!
Bist du nur ein trüber Gast,
Auf der dunklen Erde.«

J. W. v. GOETHE

»Ich dachte, daß ein Sonntag vorbei und Mama nun begraben sei,
daß ich wieder meine Arbeit tun würde und daß sich eigentlich
nichts geändert habe.«

A. CAMUS

Vorwort

Was ist *Natur*? Diese altehrwürdige Frage hat in unserer Kulturgeschichte viele Antworten gefunden. Philosophen aller Epochen
haben sich mit ihr beschäftigt, haben mit ihr gerungen und mehr
oder weniger Tiefsinniges dazu gesagt. *Natur* war aber zu allen
Zeiten auch ein Gegenstand von Religionen und Mythen: Ausdruck der Allmacht eines oder mehrerer Götter, Zeugnis der
Schöpfung. *Natur* inspiriert freilich auch den Künstler, den Maler
und Dichter, den Fotografen und Filmemacher. *Natur* hat nicht
zuletzt eine große Anziehungskraft für Träumer und Schwärmer,
gebietet Respekt, verschafft ein Gefühl von Geborgenheit oder
eins von Angst und Ohnmacht. Die *Naturwissenschaften* haben
in den letzten Jahrhunderten die Natur vieler ihrer Geheimnisse
beraubt und die Vielfalt der Naturerscheinungen auf einige
grundlegende Gesetze zurückgeführt. In dem Maße, in dem Religionen, Mythen und Märchen nüchterner wissenschaftlicher Erkenntnis gewichen sind, haben wir aber die Natur inzwischen
zerstört, Teiche und Sümpfe ausgetrocknet, Bäche und Flüsse
»reguliert«, Wälder gerodet und unzählige Pflanzen- und Tierarten ausgerottet. In unserem Jahrhundert hat der Prozeß der
Zerstörung der Natur durch den Menschen eine ungeheure Beschleunigung erfahren. Das macht viele von uns betroffen. Daher
ist *Natur* heute auch ein Programmpunkt politischer Parteien
(nicht nur der Grünen) und vieler Organisationen, die die Natur –
oder was von ihr blieb – bewahren wollen.

In meinem Buch *Naturkatastrophe Mensch* (1998) habe ich
dargelegt, daß die Natur keine Absichten und Ziele kennt, daß es
in der Entwicklungsgeschichte der Natur keinen »Fortschritt«
gibt, daß der Mensch keineswegs die »Krone der Schöpfung« (oder
das »Ziel der Evolution«) sei und von niemandem geplant war –
daß aber sein Auftreten die denkbar größte katastrophale Aus-
wirkung auf die Natur hatte. Im vorliegenden Buch gehe ich einen
Schritt weiter oder, wenn man so will, einen Schritt zurück. Ich
behaupte, daß die Zerstörung der Natur durch den Menschen nur
Teil einer evolutionären Logik ist, die im Wesen der Natur selbst

liegt und mit *Homo sapiens* bloß eine neue Dimension erreicht hat. Die zerstörerischen Potentiale der Natur waren von Anfang an gewaltig, und alles, was je in der Evolution entstanden ist, konnte nur entstehen, weil anderes zerstört wurde. Damit möchte ich einen meiner Meinung nach stark vernachlässigten Aspekt der »Naturgeschichte« behandeln. Wenige Monate vor einer Jahrtausendwende bieten sich Schreckensszenarien zwar geradezu an, doch werde ich – keine Angst! – nicht den Weltuntergang verkünden, weil ich nicht zu jenen Leuten gehöre, die an absurde Prophezeiungen glauben oder sich von Jahreszahlen beeindrucken lassen. Enttäuschen werde ich aber alle Naturromantiker, weil ich zeigen werde, daß ein lange gehegtes Bild von der »schönen«, »guten« Natur unhaltbar ist.

Ich beeile mich zu betonen, daß ich mit diesem Buch selbstverständlich keine Streitschrift *gegen* den Naturschutz vorlegen will. Aber ich möchte die Aufmerksamkeit der Leserin und des Lesers auf einen Naturbegriff lenken, der sie zwar nicht unbedingt emotional befriedigen wird, jedoch sinnvollen Naturschutz überhaupt erst erlaubt. Dieser wird nämlich nur möglich sein, wenn wir uns von jeder Naturromantik verabschieden, zugleich erkennen, daß wir nicht die »Herrscher in der Natur« sind, und einsehen, welche Bedeutung die verschiedensten Aspekte der Natur *für uns* haben. Es mag für manche Ohren sonderbar klingen, wenn ich sage, daß wir uns um die Natur eigentlich keine Sorgen machen müssen. Doch »die Natur« hat in der Tat schon alles Mögliche überstanden, Katastrophen gehören ja zu ihrem Wesen. Was aber *wir* zu überstehen in der Lage sind, welche Dummheiten wir uns der Natur gegenüber noch leisten dürfen, ist eine andere Frage. Sorgen wir uns also um uns, dann werden wir – wenn wir uns nicht selbst beschwindeln – erkennen, daß wir uns von diesen Sorgen nur befreien können, wenn wir »der Natur« mit Vernunft begegnen. Aber was heißt »der Natur *begegnen*«? Wir sind selbst Natur, unserer Begegnung mit ihr ist mithin stets eine Begegnung mit uns, so daß sich unser Thema, das Thema dieses Buches, »naturgemäß« nicht zuletzt darauf zu beziehen hat, welche Begriffe von Natur wir uns machen und welche Gefahren hinter vielen dieser Begriffe lauern.

Es mag auffallen, daß ich hier »Natur« manchmal in Anführungsstrichen schreibe, dann wieder *kursiv* setze. Damit will ich von Anfang an darauf hingewiesen haben, daß sich der Mensch die

Natur in unterschiedlichen Bildern vorstellt. Was nun tatsächlich unter Natur zu verstehen ist, welche Eigenschaften dieser Begriff umfassen sollte, hoffe ich, in den einzelnen Kapiteln dieses Buches deutlich machen zu können. Dabei haben die beiden ersten Kapitel historischen Charakter; Darwins Evolutionstheorie wird dem romantisch verklärten Naturbegriff gegenübergestellt (ohne zu übersehen, daß selbst Darwins Theorie Romantikern und Schwärmern manchen Haltegriff bietet). Die Kapitel 2 bis 5 liefern Bausteine zu jenem Begriff von Natur, der viele der überkommenen Naturvorstellungen ersetzen soll. Kapitel 6 behandelt die derzeit vom Menschen verursachte Katastrophe des Artensterbens und die Schwierigkeiten, die sich einem umfassenden Artenschutz entgegenstellen. In Kapitel 7 geht es schließlich um die Frage, was Natur *uns* wert sein sollte. Dieses Kapitel enthält einiges an ethischem und politischem Zündstoff. Ich will keine »letzten Wahrheiten« verkünden, schrecke aber vor Kontroversen nicht zurück.

Manche Autoren pflegen die (Un-)Sitte der umfassenden Danksagung im Vorwort zu jedem ihrer Bücher. »Ich danke meinem Onkel, der mich vor 40 Jahren zum ersten Mal in den Zoo mitnahm, meinem Großvater, in dessen Bibliothek ich als Fünfjähriger die Schriften von Immanuel Kant entdecken durfte, meinem Biologielehrer in der Grundschule, der mir eine Maikäferlarve zeigte, der Firma Future World, die mir beim Kauf der Schreibmaschine (oder des Computers) Rabatt gewährte, womit der vorliegende Text geschrieben werden konnte, Frau X, die mir erlaubte, ein verschollen geglaubtes Manuskript zu fotokopieren . . .«. Ich habe von dieser (Un-)Sitte längst Abstand genommen. Dank schuldet man ja immer, oft auch Personen, deren Hilfe man sich gar nicht wirklich bewußt macht. Ausdrücklich danken müßte ich Charles Darwin, dessen Schriften mich seit fast 30 Jahren ständig begleiten (ohne ihn wäre dieses Buch um mindestens ein Kapitel ärmer). Natürlich »belästige« ich alle meine Freunde und Bekannten unentwegt mit meinen Gedanken und Buchprojekten (noch hat sich keiner von ihnen ausdrücklich von mir distanziert). Die Person, die aber als erste alles erfährt, was mich intellektuell beschäftigt, ist meine Frau, die sowohl geduldig zuhört als auch widerspricht – was kann man mehr erwarten! Also, vielen Dank, Maria.

Wien, September 1998   *Franz M. Wuketits*

Einleitung:
Die Natur, die der Mensch sich schuf

Mit »Natur« verbinden viele Menschen grüne Wiesen mit bunten Blumen, das kristallklare Wasser einer Alpenquelle, Waldlandschaften, Vogelgezwitscher . . . Natur liefert uns idyllische Bilder: Friedlich auf einer Wiese grasende Kühe, deren Freßgeräusche von lieblichen Singvögeln und emsig die Blumen umsummenden Bienen übertönt werden; eine Schneelandschaft, in der Rehe friedlich dahinziehen und Hasen in ebenso friedlicher Absicht herumhüpfen. Doch der Schein trügt. Manche der Hasen überleben den Winter nicht; sie werden Opfer von Raubtieren, erfrieren oder verhungern. Und die friedlich grasenden Kühe treten in einen Ameisenhaufen und zerstören Hunderte von Leben; sie verursachen eine Katastrophe, die dem flüchtigen Blick des menschlichen Beobachters verborgen bleibt – doch allein schon indem sie fressen, zerstören sie anderes Leben, sei es auch bloß Gras. Aber es ist doch eine Binsenweisheit: Alle Lebewesen benötigen Ressourcen, Raum und Nahrung, die sie sich nur auf Kosten anderer Lebewesen sichern können.

Die Natur, die der Mensch sich schuf, braucht also mit der Wirklichkeit nicht viel zu tun zu haben, sie muß lediglich emotionale Bedürfnisse befriedigen. Freilich gehen wir heute mit dem Naturbegriff sehr sorglos um und sprechen beispielsweise von »Naturlandschaften«, denen wir »Kulturlandschaften« gegenüberstellen. Hans Mohr weist mit Recht darauf hin, daß etwa unsere mitteleuropäischen »Naturlandschaften« vom Menschen gestaltete oder von ihm zumindest sehr stark beeinflußte Landschaften sind, die ihre Ursprünglichkeit längst weitgehend verloren haben. Sie sind also eigentlich Kulturlandschaften, ebenso wie die Landschaften vieler anderer Regionen der Erde. »In die Natur hinausgehen«, sich »in der Natur aufhalten« – das heißt so gesehen nichts anderes, als etwa Wälder zu durchstreifen, deren Baumbestand vom Menschen reguliert wird, der ebenso auch über die Größe der Populationen von Wildtieren entscheidet, bestimmte Arten zum Abschuß freigibt, die Jagd auf andere wiederum (vorübergehend oder grundsätzlich) verbietet. Hierbei *schafft sich* der Mensch Natur sogar auf eine sehr konkrete Weise.

In vielen Bereichen unseres Lebens wird heute der Naturbegriff höchst inflationär gebraucht. Zahlreiche Läden bieten *Natur*kost an, die Waschmittelindustrie vertreibt Produkte, die uns *natürlich* reine Wäsche versprechen, so gut wie jeder Hersteller von Sonnenschutzcremen garantiert unserer Haut eine *natürliche* Bräune, und praktisch jedes Shampoo verleiht unserem Haar *natürlichen* Glanz. Mit »Natur« und »natürlich« lassen sich offenbar ganz gute Geschäfte machen. »Natur« und »natürlich« – diese Begriffe stehen für Gesundheit, Vitalität und Kraft, für Dynamik und Eleganz, im Gegensatz zu Krankheit, Kraftlosigkeit, schlechtem Aussehen usw. Aber wer will schon krank und kraftlos sein und schlecht aussehen! Eine Merkwürdigkeit, die eigentlich jedem auffallen müßte, ist indes, daß *natürliche* Geschöpfe – Parasiten verschiedenster Art – viele unserer Krankheiten verursachen; daß die *Natur* viele Lebewesen hervorgebracht hat, die keineswegs vor Vitalität strotzen und elegant in Erscheinung treten, z. B. Regenwürmer, Nacktschnecken, Grottenolme[1], Schnabeltiere, Maulwürfe oder Faultiere. Was fangen wir mit diesen Kreaturen an? Sie passen nicht so ganz zur Natur, die der Mensch sich schuf, dennoch waren sie lange vor dem Menschen da, haben unzählige Jahrmillionen überlebt, und die eine oder andere von ihnen wird vielleicht noch existieren, wenn die letzten Spuren vom *Homo sapiens* verweht sein werden. Keine Frage, *Natur* bedeutet viel, viel mehr als das, was uns das Werbefernsehen darunter zu verstehen gibt, und viel, viel mehr als alles, was uns Menschen lieb und angenehm ist, was uns Menschen gefühlsmäßig befriedigt, was wir Menschen schön und gut finden. Unsere Zivilisation hat eine zur Perversion entartete Vorstellung von Natur hervorgebracht, was mir besonders deutlich wurde, als mir einmal ein Journalist in München von seinem kleinen Erlebnis in einem Aquarium erzählte. Eine Mutter führte ihren etwa zehnjährigen Sohn durch das Aquarium, und dieser rief aufgeregt aus: »Mama, das ist ja wie im Fernsehen!« Das Fernsehen also als

---

1 Amphibien, bis zu 30 cm lange wasserlebende Salamander mit flachem Kopf und rückgebildeten, unter der Haut verborgenen Augen sowie sehr dünnen Gliedmaßen. Grottenolme behalten zeitlebens Larvenmerkmale und orientieren sich in ihrer Umwelt vorwiegend über den Geruch- und Tastsinn.

Realität erster Ordnung (*video, ergo sum*). Welche Vorstellung hatte dieser Junge wohl von *Natur*? Vor einigen Jahren in Nürnberg, anläßlich einer Tagung über die Zukunft der Tiere, hatte ich ein anderes einprägsames Erlebnis. Ich traf auf einige strenge Vegetarier, die nicht nur kein Fleisch essen, sondern auch den Verzehr von allen tierischen Produkten wie Eier, Milch und Käse strikt ablehnen. Eine Dame erzählte mir beim Abendessen – mit verachtendem Blick auf meinen Schweinebraten –, daß sie auch keine Kleider trägt, die irgendwelche tierischen Substanzen enthalten. Sie fliege, sagte sie beiläufig, regelmäßig nach London, um sich dort – zum Preis von 500 Pfund – in einem Spezialgeschäft eine Jacke oder einen Rock oder Schuhe zu kaufen, für die garantiert kein Tier mißbraucht wurde. Wie schön. Die Dame tut wirklich etwas für den Tierschutz. Welche Vorstellung hat sie aber von *Natur*? Was sollen wir nun den Hungernden in der Dritten Welt empfehlen? Den Obdachlosen in Deutschland, Österreich oder England? Ich für meinen Teil könnte – vielleicht – auf meinen Schweinebraten verzichten, solange genug andere Nahrung als Ersatz dafür da ist. Offenbar kann sich diese Dame aber nicht vorstellen, daß es – sehr viele! – Menschen gibt, deren erstes und oberstes Anliegen *naturgemäß* darin besteht, überhaupt etwas Eßbares zu finden, wobei die Kleidung zweitrangig ist (solange man in der kalten Jahreszeit nicht erfriert).

Ich möchte daher gleich an dieser Stelle festhalten, daß sich nur eine Zivilisation mit ausgeklügelter Technologie (z. B. mit Flugzeugen, die es einer *naturbewußten* Person ermöglichen, an einem entfernten Ort Kleider zu kaufen, für die kein Tier gelitten hat), erlauben kann, *Naturschutz* zu betreiben. Es ist mir schon klar, daß viele der sogenannten Naturvölker, die (noch) nicht den »Segen« der Zivilisation erhalten haben, auch wissen, daß sie die Natur zu schützen haben – sie wissen es oft besser als der zivilisierte Mensch, und vor allem wissen sie, *wie* sie die Natur, ihre natürliche Umwelt, erhalten können. Gerade deshalb kommen mir viele Naturschutzbemühungen in unserer Zivilisation etwas lächerlich vor. Damit will ich allerdings nicht behaupten, daß etwa die sogenannten Wildbeutergesellschaften und die Eingeborenen verschiedener Länder allesamt gute Naturschützer sind. Die Liste von Tierarten, die schon lange vor der Ausbreitung unserer Zivilisation ausgerottet wurden, ist respektabel. Aber auf alle diese Probleme wird noch zurückzukommen sein.

Der Mensch schafft sich Natur in zweifacher Weise, in einem konkreten und einem mehr ins Abstrakte gehenden Sinn. Indem er beispielsweise Bäume pflanzt und Gärten anlegt, umgibt er sich mit bestimmten Pflanzenarten und in der Folge auch Tierarten, die ihm angenehm sind; alle ihm unwillkommenen Gäste, »Schädlinge« oder Arten, die ihm einfach nicht passen, vertreibt er aus seinem »Naturreich«. Aber dieses konkrete »Erschaffen von Natur« ist häufig nur der Ausdruck einer etwas abstrakten Vorstellung davon, was Natur ist oder zu sein hat. Für den Menschen erfüllt damit die Natur, oder was er als Natur sieht, bestimmte Funktionen.

Ich will in diesem Zusammenhang noch auf einen anderen Aspekt unseres Themas hinweisen, der uns allerdings später noch näher beschäftigen wird. Der amerikanische Zoologe Edward O. Wilson, weltbekannter Ameisen- und Termitenspezialist und einer der Begründer der Soziobiologie (siehe Kapitel 3), meint in seinem Buch *Biophilia*, daß wir Menschen uns sozusagen von Natur aus zu anderen Lebewesen hingezogen fühlen. Unsere enge Beziehung zu verschiedenen Pflanzen und Tieren, unsere emotionale und ästhetische Bindung an sie seien Ausdruck unseres ureigenen Wesens, unserer »biophilen« Neigung. Diese Neigung zur »Freundschaft« mit anderen Arten zeige sich zum einen darin, daß wir uns gern mit verschiedenen Pflanzen und Tieren umgeben (uns etwa Haustiere nicht bloß als Nahrungslieferanten halten), zum zweiten in der Faszination, die von vielen Geschöpfen ausgeht. In einem anderen Buch, in dem er sich sehr engagiert und sachkundig für die Bewahrung der Artenvielfalt einsetzt, schreibt Wilson dazu wörtlich folgendes:

Zur Biophilie kann man auch die Sehnsucht nach der Wildnis zählen, nach all den Gebieten und Pflanzen- wie Tiergemeinschaften, die noch nicht von menschlichen Aktivitäten beeinträchtigt sind. In der Wildnis sucht der Mensch neue Lebenskraft und das Urerlebnis des Wunderbaren, und aus der Wildnis kehrt er in jene Teile der Erde zurück, die kultiviert und nach seinen Bedürfnissen gestaltet sind. Diese Wildnis erfüllt uns mit Frieden, weil sie uns das Bild völliger Selbstgenügsamkeit vermittelt; sie übersteigt die menschliche Phantasie. Die Wildnis ist eine Metapher für unbegrenzte Möglichkeiten, die sich zu einer Zeit im kollektiven Gedächtnis bildete, als sich der Mensch über die Erde ausbreitete, von Tal zu Tal, von Insel zu Insel, im Vertrauen auf die

Götter und fest davon überzeugt, das unberührte Land erstrecke sich endlos weit hinter dem Horizont (1996, S. 428).

Nun ist es inzwischen auf unserer Erde verdammt eng geworden, und das unberührte Land wird von Tag zu Tag kleiner. Tatsächlich gibt es – abgesehen von der Tiefsee und wenigen anderen absolut unwirtlichen und unzugänglichen Regionen – kaum einen Flecken auf diesem Planeten, auf dem der Mensch nicht schon die Spuren seiner Zivilisation hinterlassen hätte. Möglicherweise ist gerade deshalb die von der unberührten Wildnis ausgehende Faszination so stark.

Aber zu denken, daß uns die Wildnis, daß uns die von uns unberührte Natur nur mit Frieden erfüllt, wäre einseitig. Natur erfüllt uns auch mit Angst. Erdbeben, Vulkanausbrüche und Wirbelstürme führen uns die Gewalt der Natur ebenso deutlich vor Augen wie die epidemische Ausbreitung von Krankheiten, wovor wir auch heute noch nicht gefeit sind. Gleichzeitig spüren wir in Anbetracht solcher Ereignisse unsere eigene Ohnmacht und müssen erkennen, daß wir der Natur gleichgültig sind. Das hindert uns andererseits nicht daran, viele Aspekte der Natur einfach so zu sehen, wie wir wollen, und beispielsweise zwischen häßlichen und schönen Tieren zu unterscheiden. Manche Tiere finden die meisten von uns ekelerregend, und es gibt bekanntlich Menschen mit einer Spinnenphobie. Dagegen ist mir nicht bekannt, daß jemals ein Mensch unter einer »Kaninchenphobie« gelitten hat. Aber dem Kaninchen verleiht sein Aussehen einen Bonus, den die Spinne nie wettmachen kann, auch wenn man weiß, daß manche ihrer Arten »nützliche« Tiere sind. Unserer Biophilie, um bei diesem Ausdruck zu bleiben, sind also offenbar Grenzen gesetzt. Darin liegt auch das Dilemma von Bemühungen um einen umfassenden Artenschutz, worauf aber in Kapitel 6 noch zurückzukommen sein wird.

Günter Altner, Theologe und Biologe (eine seltene Kombination), stellt in seinem Buch *Naturvergessenheit* fest, die Frage, was Natur ist, sei mit der Frage, was Natur dem Menschen bedeutet, untrennbar verbunden, und die Natur sei die »Membran der menschlichen Seele«. Doch übersieht man darob leicht, daß der Mensch selbst ja niemals außerhalb der Natur steht. Allerdings wird auch in Diskussionen über den Naturschutz sehr häufig so getan, als seien Mensch und Natur zwei völlig verschiedene

Kategorien. Tatsächlich hat sich der Mensch lange Zeit als Beherrscher der Natur gesehen, doch inzwischen muß er, wie der Soziologe Kurt Weis bemerkt, die »ökologische Kränkung« hinnehmen und erkennen, daß er möglicherweise als Krebsgeschwür oder Totengräber der »Schöpfung« fungiert.

Sätze wie »Wir müssen die Natur bewahren« sind uns inzwischen gut vertraut. Was aber bedeutet »*die Natur* bewahren«? Wenn man sich vor Augen führt, daß auch Tornados Aspekte der Natur sind, dann entlarvt sich ein solcher Satz schnell als absurd.

Homo sapiens ist ein Lebewesen wie die anderen Millionen von Arten, die derzeit (noch) diesen Planeten bevölkern, und trotz seiner außergewöhnlichen Fähigkeiten, die sich in seiner Kultur manifestieren, ist er ein Produkt der Natur, untrennbar (stammesgeschichtlich) verbunden mit den anderen Spezies und angewiesen auf die natürlichen Ressourcen, die dieser Planet zur Verfügung stellt.

Wenn der Mensch seine natürliche Umgebung mehr oder weniger systematisch zerstört, dann folgt er damit einer evolutionären Logik, die darin besteht, daß jede Spezies für sich Raum und Nahrung schafft und andere Arten – im Interesse des eigenen Überlebens – verdrängt. Doch sollte man glauben, daß der Mensch ein wenig klüger ist. Eigentlich müßte er wissen, daß »Verdrängen« nur so lange gutgeht, solange damit die eigenen Ressourcen nicht völlig zerstört werden. Wenn es nur wenige Mäuse gibt, dann gibt es auch weniger Eulen. Warum, ist klar. Die Eulen sind auf die Mäuse angewiesen, es empfiehlt sich für sie, die Mäusepopulationen nicht zu vernichten, sondern sie sparsam als Nahrungsquelle zu nutzen. Werden die Mäuse aufgrund anderer Ursachen dezimiert, sind die Eulen die leidtragenden. Sie sollten also daran interessiert sein, die Mäuse zu schützen. Nur kann man von Eulen aus naheliegenden Gründen keinen »Mäuseschutz« verlangen. Der Mensch ist auf viele Arten angewiesen, er will davon allerdings nichts wissen, weil er sich als Beherrscher der Natur aufspielt und darauf vertraut, daß er Lösungen für sein eigenes Überleben finden wird, die auf die ihn umgebende Natur keine Rücksicht zu nehmen haben. Dieser fatale Irrtum beginnt sich allmählich auf ihn selbst katastrophal auszuwirken – nur scheinen das die meisten Vertreter seiner Spezies (einschließlich der Politiker) noch immer nicht wahrzunehmen oder wahrnehmen zu wollen.

In diesem Zusammenhang kann man sagen, daß sich der Mensch noch eine andere Natur schuf: Natur gleichsam als sein Eigentum. Ich erlaube mir die – unbeweisbare – Behauptung, daß andere Arten mit ähnlicher intellektueller Kapazität und ähnlichen technischen Mitteln auch dem Menschen ähnlich agieren und die Natur ebenso als ihr Eigentum betrachten würden. Wären Eulen so intelligent wie der Mensch, dann würden sie wahrscheinlich Mäuse züchten. So gesehen darf man froh sein, daß es nur eine Spezies gibt, die eine komplexe Technologie hervorgebracht hat und denkt, die sie umgebende Natur und alle anderen Arten beherrschen zu können.

Im vorliegenden Buch geht es also um eine grundsätzliche Revision dessen, was der Mensch unter Natur versteht, wobei vor allem gezeigt werden soll, wie schief manche seiner Naturbilder hängen. Seit mehreren Jahren ist in verschiedenen wissenschaftlichen Disziplinen viel von *Selbstorganisation* die Rede. Das Konzept der Selbstorganisation wurde immer wieder als neues Paradigma vorgestellt, das uns die Natur ebenso wie unsere sozialen und ökonomischen Systeme besser verstehen läßt. Dieses Paradigma gibt Grund zur Hoffnung, weil es zeigt, daß alle Systeme die Fähigkeit und Kraft haben, sich selbst zu ordnen. So neu ist diese Idee nicht, aber sie nährt gerade heute einen Naturbegriff, der uns sympathisch sein kann. Ich stelle hier dem Konzept der Selbstorganisation das der *Selbstdestruktion* zur Seite und werde zeigen, daß Zerstörung eine elementare Triebkraft der Natur, des Lebens – jedes einzelnen Lebewesens – ist. Sogar Selbstorganisation enthält (Selbst-)Zerstörung als grundlegende Komponente.

Unserem Verhalten und Handeln soll diese Sichtweise keine Rechtfertigung liefern. Es ist wohl überflüssig zu betonen, daß ich mit diesem Buch keine Aufforderung zu Mord und Selbstmord aussprechen will oder Argumente für die Zerstörung unserer natürlichen Umwelt vortragen möchte. Wenn wir aber die »dunklen Seiten« der Natur, des Lebens, nicht sehen wollen und uns Natur sozusagen nur einbilden, dann werden wir gewiß weiterhin die Fehler machen, die schon Generationen vor uns gemacht haben: uns Natur falsch vorstellen und daher auch der Natur »gegenüber« falsch handeln. Es war immer falsch, die Natur zu verherrlichen und romantisch zu verklären. Unsere »naturverfremdende« und »naturentfremdete« Zivilisation beeilt sich heute, die

Natur zu schützen oder zumindest Naturschutz zu propagieren. Wir werden von manchen zur Askese aufgefordert, zum Verzicht auf fleischliche Nahrung, zur Befreiung der Tiere, die sich in menschlicher Obhut befinden, und zur Wahrnehmung von »Tierrechten«. Aber fundamentalistischer Naturschutz kann ebenso töricht und gefährlich sein wie jener ökonomische Fundamentalismus unserer Industriegesellschaft, der sich keinen Deut um das Leben anderer Organismenarten schert. Bemerkenswerterweise wohnt beiden eine *menschenverachtende* Ideologie inne.

Ich möchte mit diesem Buch einige Klarstellungen liefern, der Leserin und dem Leser Stoff zum Nachdenken bieten und so meinen Beitrag zur Diskussion höchst aktueller und brisanter Probleme, die uns heute alle angehen, leisten. In einigen historischen Streifzügen werde ich aber auch den ideengeschichtlichen Hintergrund einiger unserer Vorstellungen von Natur beleuchten und ihre Verbindung zu verschiedenen Formen des »Geisteslebens« aufzeigen.

1. Es grünt so grün – Naturromantik und Schwärmertum

Zurück zu Rousseau

Eine alte, auch im 20. Jahrhundert noch beliebte Vorstellung vom Menschen ist, daß dieser im Naturzustand gut war und ihn erst seine Zivilisation verdorben habe. Dieser Vorstellung verdanken wir eine romantische Verklärung jener Völker, die – fälschlicherweise – als »Naturvölker« bezeichnet wurden, und eine Verherrlichung der grauen Vorzeit, als wir sozusagen noch auf den Bäumen lebten. Wenn diese Epoche unserer Entwicklungsgeschichte oft als »Kindheit des Menschengeschlechts« bezeichnet wurde, so drückt sich allein darin schon die Überzeugung aus, daß der Mensch erst auf späteren Entwicklungsstufen seine Unschuld verloren hat.

Jean-Jacques Rousseau (1712–1778) ist eine der schillerndsten Gestalten der europäischen Geistesgeschichte. Er war einer der geistigen Wegbereiter der Französischen Revolution, ein weithin beachteter wie umstrittener Philosoph, Schriftsteller und Kulturkritiker, der sich mit der Parole »Zurück zur Natur« unsterblich gemacht hat. Die davon ausgehende Wirkung, die darin begründete »Stimmung« im 18. Jahrhundert (und zum Teil danach) hat der Goethe-Biograph Richard Friedenthal leicht ironisch mit folgenden Worten charakterisiert:

> Natur! Das ist nun das Zauberwort ... Es ist die Parole der Zeit, von Rousseau verkündet, von allen empfindsamen Seelen und vielen ernsthaften Pädagogen weitergegeben. Man versteht alles mögliche darunter: den Naturmenschen, edel und redlich, den Naturzustand, das goldne Zeitalter ohne Krieg und Nahrungssorgen. Die Natur in der Landschaft, den englischen Park mit Weiden und Sträuchern, die nicht beschnitten werden sollten; es ist immer noch ein wohlangelegter Park mit bequemen Wegen und Hüttchen zum Ausruhen von der Naturschwärmerei. Man spricht meist vom »Busen« der Natur, der durchaus weiblich-rundlich und wohlig gedacht wird. Man sieht auch die Natur als Buch an ..., in dem man nur zu lesen habe (1968, S. 133).

Allerdings wäre es verfehlt, Rousseaus Gedanken als bloße Schwärmerei eines Naturliebhabers abzutun. Es ging ihm um wichtige soziale und kulturpolitische Fragen. Ein zentraler Punkt dabei war die Ungleichheit der Menschen, die sich seiner Meinung nach erst unter dem Einfluß der Kultur herausbildete und den Menschen im »Naturzustand« noch fremd gewesen war. Diese Idee tauchte in ähnlicher Form auch später immer wieder auf. So versuchte Friedrich Engels (1820–1895) in seiner Schrift *Der Ursprung der Familie, des Privateigentums und des Staats* zu zeigen, wie sich nach dem Verfall der menschlichen »Urgesellschaft« die auf Ausbeutung beruhende Klassengesellschaft entwickelte.

Rousseaus Gedanken lassen sich, in aller Kürze, wie folgt zusammenfassen: »Zurück zur Natur« bedeutet nicht die Aufforderung, auf die Bäume zurückzukehren, auf denen unsere frühen Vorfahren saßen (von diesen war zu Rousseaus Zeiten noch nichts bekannt). Vielmehr meinte Rousseau, daß der Verfall der Sitten mit der Entwicklung, dem Fortschreiten der Kultur einhergeht. Daher müsse man alle Hemmungen der »natürlichen« Entwicklung eines Menschen beseitigen. Alles von Natur aus Gegebene würde unter der Hand des Menschen degenerieren. Daraus leitete Rousseau sein Plädoyer für eine »naturgemäße« Erziehung ab. Seine Interessen galten also nicht zuletzt der Pädagogik – merkwürdig genug für einen Mann, der seine eigenen Kinder ins Findelhaus verbannte. (Aber so wie der Wegweiser den Weg, den er weist, nicht selbst gehen muß, so lebt auch mancher Philosoph nicht getreu seinen eigenen Gedanken.) Seine Grundideen über Erziehung legte Rousseau in seinem Werk *Émile* dar, einer Mischung aus Roman und philosophischer Abhandlung. Georg Holmsten schreibt in seiner Rousseau-Biographie folgendes dazu:

Émile ist »bloß Literatur«, aber Literatur, die trotz der mangelnden praktischen Erfahrung und Qualifikation des Autors auf dem Sektor der Pädagogik eine Fülle intuitiver Erkenntnisse über die Entwicklung des Kindes und die Möglichkeiten seiner Beeinflussung vermittelt; Erkenntnisse, wie sie einem genialen Naiven wie Rousseau auch nach relativ kurzer »Erfahrung« zuteil werden können. Hinzuzufügen wäre, daß Rousseau selbst in passiver Form als Kind und Jugendlicher erlebt hat, wie ein Mensch durch gute oder weniger gute Erzieher ge- oder verbildet werden kann (1972, S. 111).

Es ist keineswegs meine Absicht, hier Rousseaus Werk eingehender darzustellen oder zu kommentieren. Im Zusammenhang mit unserem Thema ist Rousseau gleichsam eine Metapher, und sein Werk ist ein Kristallisationspunkt jener Vorstellung, die die Kultur als Widersacher der Natur erscheinen läßt.

Die Literaturgeschichte hat viele Werke aufzuweisen, die die »Künstlichkeit« beklagen, in der der zivilisierte Mensch lebt, und die dieser Künstlichkeit »Natur« und »Natürlichkeit« kontrastvoll entgegenstellen. Thomas Bernhard läßt in *Holzfällen* einen Schauspieler auftreten, der sich anläßlich eines »künstlerischen Abendessens« zwar zunächst als lächerlicher »Kunstpopanz« gebärdet, im Verlaufe des Abends – nach etlichen Gläsern Wein und Champagner – jedoch die Stichworte seines Lebens preisgibt: »*In den Wald gehen, tief in den Wald hinein, ... sich gänzlich dem Wald überlassen,* das ist es immer gewesen, der Gedanke, nichts anderes als selbst Natur zu sein.«

Wie ich bereits bemerkt habe, bedeutet »in einen Wald gehen« zumindest in Mitteleuropa (aber auch in vielen anderen Regionen der Erde) heute keineswegs, tatsächlich vom Menschen unberührte Natur zu genießen. Aber solche Sätze spiegeln zumindest die Sehnsucht danach, was sich der Mensch, einmal der Zivilisation überdrüssig geworden, unter Natur vorstellt. *Wald, Hochwald, Holzfällen,* um nochmals Bernhards Schauspieler zu zitieren, sind Begriffe, von denen eine gewisse Attraktion ausgeht, und man darf vermuten, daß schon kritische Geister im 18. Jahrhundert solche oder ähnliche Begriffe gerade deshalb gern verwendet haben, weil sie ihrer Kultur gegenüber skeptisch eingestellt waren und gegen die (künstlich) aufgezwungenen Sitten rebellierten. »Natur« erscheint uns besonders dann attraktiv, wenn wir von »Kultur« enttäuscht sind, wenn kulturell gegebene Normen und Regeln unserer eigenen Natur zuwiderlaufen.

Natur befreit, so könnte man sagen. Beim Picknick im Grünen herrschen nicht so strenge Tischsitten wie in einem Nobelrestaurant oder selbst zu Hause; der Wald ist taub für alle Eßgeräusche. Abgesehen von der frischen Luft – sofern sie tatsächlich noch frisch ist –, ist dies sicher einer der Hauptgründe, warum gerade Stadtbewohner an Wochenenden und in den Ferien so gern aufs Land fahren oder sich ein Haus weit außerhalb großer Städte bauen. Man kann sich da sozusagen freier bewegen. Doch selbst in Großstädten werden aus denselben Gründen Immobilien in

»Grünruhelage« besonders gepriesen – und naheliegenderweise zu höheren Preisen angeboten als Objekte mitten in den Betonwüsten.

Rousseaus Kulturkritik, seine Meinung, daß die Kultur dem Menschen unnatürliche Wünsche sozusagen einimpfe, daß der »edle Wilde« im Besitz der Tugend und der zivilisierte Mensch korrupt sei, würden heute wohl nur wenige in dieser krassen Form verteidigen. Daß uns aber unsere Zivilisation Fesseln angelegt hat, ist nicht zu bestreiten. Viele Jahrmillionen unserer Evolution lebten wir nomadisierend als Jäger und Sammler – kein Verkehrslärm störte, keine Finanzbehörde belästigte, kein Termindruck plagte uns. Ob deswegen dieses Leben romantisch war und wünschenswert ist, ist eine ganz andere Frage, die uns noch beschäftigen wird. Aber auch zu Rousseaus Zeiten waren ja keineswegs alle Menschen davon überzeugt, daß »Zurück zur Natur« ein lebensfähiger Vorschlag sei. Voltaire (1694–1778), der größte Geist der Aufklärung in Frankreich, reagierte darauf sehr ironisch: Er habe es sich vor mehr als sechzig Jahren abgewöhnt, auf allen Vieren herumzukriechen, und sehe sich nicht imstande, diese Gewohnheit wieder aufzunehmen. Gewiß, Rousseaus Parole enthielt nicht die Aufforderung zur quadrupeden Fortbewegungsweise, aber seine Vorstellungen von der Natur einerseits, von der Kultur andererseits waren eine Verherrlichung von allem, was unabhängig vom Menschen – also »natürlich« – existiert, und eine Verherrlichung des von der Kultur unberührten Menschen selbst.

Es kommt daher nicht überraschend, daß Rousseau auch an den Wissenschaften kein gutes Haar ließ. Denn so, wie er die Natur verherrlichte, so verteidigte er auch das Gefühl gegen die Vernunft und unterstellte der Wissenschaft niedere Motive. Er wurde mithin zu einer der einflußreichsten Figuren der »romantischen Bewegung«, die sich in verschiedensten Bereichen (Literatur, Malerei, Musik) durch den Primat der Gefühle auszeichnet. Subjektives Erleben von Natur steht in dieser Bewegung über jeder objektiven, »sachlichen« Beschreibung und Erklärung von Naturphänomenen. Caspar David Friedrich (1774–1840) gab damals durch seine Landschaftsbilder dem *Naturgefühl* einen besonders lebhaften Ausdruck (Abb. 1).

Rousseau kann uns somit als Metapher dienen, er versinnbildlicht mit seiner Parole den mächtigen, aber häufig verdrängten

Abbildung 1: Caspar David Friedrich, Der Sommer

Wunsch vieler Menschen seiner (und unserer) Zeit, den Wunsch nach »Natürlichkeit«, »Ursprünglichkeit«, »Wildheit«. Die heute im Werbefernsehen angepriesenen »naturreinen« Getränke, die uns das Gefühl von Wildnis und Abenteuer vermitteln sollen, zielen auf den gleichen Wunsch.

Natur und Gottnatur

Während aber unsere Getränkeindustrie nicht mehr den lieben Gott ins Spiel bringen muß, um ihre Produkte zu verbreiten, war der Naturbegriff der Romantik auch stark mit religiösen Gefühlen verbunden. Natur und Gott waren innig miteinander verwoben, Naturerleben und Gotterleben stellten eine gefühlsmäßige Einheit dar.

»Natur und Gott« – das ist ein immenses Thema. Wie bereits ein kursorischer Überblick über den Naturbegriff und seine verschiedenen Konnotationen zeigt (R. Mocek, in: *Europäische En-*

zyklopädie zu Philosophie und Wissenschaften), spielte das Verhältnis von Gott und Natur in unterschiedlichen Epochen der Philosophiegeschichte eine bedeutende Rolle. Ich greife hier nur ein paar Aspekte heraus, die für den Gegenstand des vorliegenden Buches von besonderem Interesse sind.

Deus sive natura, »die Natur selbst ist Gott«, lehrte der niederländische Philosoph Benedictus de Spinoza (1632–1677) – und wurde schrecklicher Irrlehren bezichtigt. Aber seine Lehre, der *Pantheismus*, hat sich unter Philosophen und Naturforschern immer wieder großer Beliebtheit erfreut. Als »All-Gott-Lehre« ist der Pantheismus gerade dann ein angenehmer intellektueller Zufluchtsort, wenn man an keinen persönlichen Gott glauben kann, sich aber gleichzeitig nicht ganz von Gott lösen und in den Unglauben stürzen will. Goethes Naturverehrung kam er daher genauso entgegen wie dem Denken mancher moderner Naturwissenschaftler.

Bernhard Rensch (1900–1990), den ich persönlich sehr geschätzt habe und der meiner Meinung nach zu den größten deutschsprachigen Biologen und Naturphilosophen des 20. Jahrhunderts zu zählen ist (eine meiner ersten wissenschaftlichen Veröffentlichungen analysiert seine naturphilosophischen Arbeiten), hat in seiner *Biophilosophie* (und vielen anderen Werken) eine Position vertreten, die an alte indische Weisheiten erinnert und die Idee vom »protopsychischen All-Einen« bemüht. Es könne, meinte Rensch, eine beruhigende und erhebende Vorstellung sein, sich mit dem Universum, einem wunderbaren, von ewigen Gesetzen bestimmten Gefüge, eins zu wissen und dabei die am höchsten entwickelte Organisationsstufe darzustellen, fähig, das Weltgeschehen zu begreifen. Mit einer herkömmlichen Religion, d.h. mit dem Glauben an einen persönlichen Gott, hat eine solche Haltung nichts zu tun. Aber sie zeugt von einer gewissen Bewunderung für die Natur, an deren Erhabenheit man letztlich nicht zweifeln sollte. Für Rensch, der wichtige evolutionsbiologische Arbeiten geleistet hatte, war auch die Entwicklungsgeschichte der Natur – vom Anfang des Universums bis zum Auftreten des Menschen – ein gesetzmäßig determinierter Prozeß. Rensch hat die Natur gewiß nicht mystifiziert und war nicht einmal Pantheist im engeren Sinn. Aber er erblickte in der Natur doch mehr, als uns eine strikt naturwissenschaftliche Analyse unmittelbar offenbart.

Hier ließen sich aus der Vergangenheit wie aus der Gegenwart viele weitere Beispiele für Naturforscher mit einer tiefen, über ihre wissenschaftliche Arbeit hinausgehenden Bewunderung für die Natur anführen, wobei diese Bewunderung nicht selten mit einem religiösen Glauben einherging oder einhergeht. Dabei kann man die Beobachtung machen, daß Biologen für »Natursentimentalitäten« und für den Glauben an Gott im allgemeinen weniger anfällig sind als Physiker, wohl deshalb, weil sie besser als diese mit den »dunklen Seiten« des Lebens vertraut sind und sich hinter dem in der Natur herrschenden Daseinskampf schwer einen gütigen Gott vorstellen können.

Anders lagen die Dinge bei der sogenannten *Naturtheologie*, die vom 17. bis zum frühen 19. Jahrhundert ihre Blütezeit erlebte. Biologiehistoriker sind sich weitgehend darin einig, daß diese Strömung, so paradox das zunächst auch scheinen mag, für die Begründung des Evolutionsgedankens heuristisch wertvoll war oder doch zumindest eine wichtige Vorstufe dazu darstellt. Denn die »Naturtheologen« beschäftigten sich, wie beispielsweise Peter J. Bowler ausführt, mit Phänomenen wie Anpassung und bemerkten, daß etwa die Klauen und Zähne von Raubtieren ausgezeichnet zum Ergreifen von Beutetieren geeignet sind. Insgesamt bestand die Aufgabe der Naturtheologie darin, die Natur um der Theologie willen zu erforschen, also zu zeigen, daß alle Naturphänomene Werke Gottes sind. Dies erforderte akribische Naturbeobachtungen, und so verdanken wir den Naturtheologen viele interessante Beschreibungen von Lebewesen und an diesen beobachtbaren Strukturen und Funktionen. Außerdem trugen sie mit ihren Schriften zur Verbreitung naturhistorischen Wissens bei. Auch knifflige Fragen vermochten sie unter dem Gesichtspunkt zu beantworten, daß ein gütiger Gott alle Lebewesen geschaffen habe. Wie aber paßt es zum Bild dieses Gottes, daß viele Tiere andere Tiere töten? Theologen können im allgemeinen meist recht gut mit Widersprüchen umgehen, und so fanden insbesondere die Naturtheologen auf diese Frage eine gute Antwort: Langfristig gesehen verringern die Raubtiere das Leid in der Welt, weil sie den alten und kranken Mitgliedern anderer Arten einen schnellen Tod bereiten und diese von ihrem Leid erlösen. Das wiederum paßt sehr gut zu einem gütigen Gott: Er erschuf also Raubtiere, damit andere Kreaturen nicht zu lange leiden müssen.

Unter dem Gesichtspunkt der Naturtheologie waren also praktisch alle Naturphänomene theologisch zu erklären, was nicht so schwer war, weil ja angenommen wurde, daß Gott jederzeit in die von ihm erschaffene Welt eingreifen könne. Und die Naturforschung insgesamt diente dem Nachweis der Existenz Gottes. Jedes beliebige Phänomen konnte so gedeutet werden, daß die Allmacht des Schöpfers außer Frage stand. Vor allem William Paley (1743–1805), dessen Schriften auch Darwin während seines Theologie-Studiums las oder lesen mußte, bemühte sich, Gott aus der Zweckmäßigkeit der Natur heraus zu beweisen. Um Logik im Argumentieren kümmerte man sich dabei wenig. Einerseits wurde die Existenz Gottes vorausgesetzt, andererseits wurde seine Existenz im nachhinein »bewiesen«. Der menschliche Geist vermag mitunter in der Tat bemerkenswerte Pirouetten zu drehen. Vor allem dann, wenn er sich selbst von der »Vollkommenheit« der Welt, in die er eingebettet ist, überzeugen will. Es ist ja beinahe überflüssig zu bemerken, daß das Weltbild der Naturtheologen ein sehr optimistisches war. Wenn diese Welt so, wie sie ist, von einem gütigen Gott erschaffen wurde, dann kann sie ja nicht schlecht sein.

Allerdings bekam dieses Bild des Schöpfers, der in der Natur wirkt, welche ihrerseits auf ihn bezogen ist, bereits im 18. Jahrhundert einige Risse, aufgrund eines Ereignisses, das kritische Geister auch damals an seiner Güte zweifeln ließ und veranlassen mußte, über »seine« Natur ernsthaft nachzudenken. Am 1. November des Jahres 1755 wurde um etwa 9.30 Uhr Lissabon von einem katastrophalen Erdbeben heimgesucht, bei dem schätzungsweise 30.000 Menschen ums Leben kamen. Die »Perfidie« dieses Ereignisses war, daß viele Menschen während des Allerheiligen-Gottesdienstes unter den Trümmern der ungefähr dreißig Kirchen begraben wurden. Wolfgang Breidert hat unter dem beziehungsvollen Titel *Die Erschütterung der vollkommenen Welt* einige Stimmen von Zeitgenossen – unter ihnen Kant, Rousseau und Voltaire – gesammelt, die, selbst erschüttert, zu diesem Ereignis Stellung nahmen. Heute überhäufen uns die täglichen Weltnachrichten mit Katastrophenmeldungen aus verschiedenen Teilen der Welt, und wir sind, was Naturkatastrophen betrifft, ziemlich abgestumpft, solange sie uns nicht selbst betreffen. Aber man bedenke, was das Erdbeben von Lissabon vor dem Hintergrund des Glaubens an eine (von Gott geschaffene) vollkommene Welt bedeutete. Die Betroffenheit damals ist vielleicht mit jener Betroffenheit vergleichbar, die heute viele anläßlich der Entgleisung eines ICE-Zuges oder des Absturzes eines Flugzeugs der Swissair empfinden. Allerdings geht es in diesen Fällen nicht um *Naturereignisse*, sondern um »technisches Versagen«.

Nun vermochte die Katastrophe von Lissabon viele Menschen nicht von ihrem Glauben an eine vermeintlich von einem allmächtigen und gütigen Gott regierte Natur abzubringen. Ebensowenig verlieren heutzutage die meisten Menschen angesichts einer Flugzeugkatastrophe ihren Glauben an die Technik. Aber im Fall der Technik weiß jeder vernünftige Mensch, daß Pannen nun einmal auftreten können, daß kein technisches System wirklich perfekt sein kann und daß sich vor allem aus dem Zusammenwirken von Technik und Mensch auch große Katastrophen ergeben können. Was aber soll man von einem Gott denken, der beispielsweise zuläßt, daß ein unschuldiges Kind von einem Blitz getroffen und getötet wird? Theologen können, wie gesagt, mit Widersprüchen gut umgehen und reden sich in solchen Fällen darauf aus, daß Gott uns Menschen eben prüfen wolle. Ich für meinen Teil würde gern wissen, wozu solche Prüfungen gut sein sollen; außerdem sollte es inzwischen der »Prüfungen« genug gegeben haben. Aber manche denken darüber eben anders.

Im Sommer 1996 hatte ich das Vergnügen, drei Tage lang mit vier Kollegen aus verschiedenen Disziplinen in der Toskana die Frage nach dem Verhältnis zwischen Gott und Wissenschaft zu diskutieren. Unsere Diskussionen fanden vor laufenden Kameras statt, ihr »äußeres« Ergebnis war eine vierteilige Fersehsendung, die im Frühjahr 1997 unter dem Titel *Gott, der Mensch und die Wissenschaft* ausgestrahlt wurde. Die Gespräche können aber auch in einem gleichnamigen Buch nachgelesen werden. Einer der Gesprächsteilnehmer war der bekannte Physiker Hans-Peter Dürr. Viele seiner Aussagen liefern gute Beispiele für die erwähnte Anfälligkeit von Physikern für religiösen Glauben. Im Hinblick auf die mögliche Selbstausrottung der Menschheit meinte er, daß der Plan eines höheren Wesens vielleicht darin bestehen könnte, uns so schnell wie möglich aus der Schöpfung (Natur) herauszunehmen, damit diese sich wieder erholen kann. Also, da reimt sich einiges nicht. Gäbe es einen Schöpfer mit der Macht, uns aus seinem Werk herauszunehmen, bevor wir es zerstören, dann hätte er doch auch die Macht haben müssen, uns ganz anders zu konstruieren, nämlich so, daß wir von vornherein schon nichts zerstört hätten. Warum hat er *Homo sapiens* überhaupt losgelassen?

Ich stimme mit Richard Dawkins voll darin überein, daß Gott für viele Menschen sehr nützlich ist. Unser Erkenntnisapparat ist so beschaffen, daß wir uns schwer eine sinnlose Welt vorstellen können, eine Welt, die von keiner Absicht geplant war. Daher haben wir höhere Wesen erfunden, die selbst unfaßbaren Katastrophen irgendeinen Sinn verleihen – wir wissen nur oft nicht, welchen. Sich eine Natur als von Gott geschaffen zu denken oder die Natur überhaupt gleich mit Gott zu identifizieren, kostet wenig und vermittelt vielen Menschen das Gefühl, daß alles seine Ordnung und Richtigkeit habe. Ist man einmal von der göttlichen Ordnung der Dinge überzeugt, dann fällt es auch nicht sonderlich schwer, diese überall aufzuspüren, wie man ja in der Naturtheologie zeigte. Die Frage ist dann gar nicht mehr, wie sich die Natur *ohne* Zutun eines Schöpfers entwickelt hat oder welche *natürlichen* Mechanismen den Menschen zum größten Naturzerstörer gemacht haben. Selbstverständlich sehen viele moderne Theologen die Dinge viel subtiler und komplexer, als das die Naturtheologen taten. Ein gutes Beispiel ist Eugen Drewermann mit seinem Buch *Der sechste Tag*, in dem Abschied genommen wird »von der Idee eines ›planend‹ ›handelnden‹ Gottes, der als allgültig, allmächtig und allweise die Welt dazu bestimmt habe, uns Menschen hervorzubringen« (S. 199). Aber Drewermann verlor längst seine Lehrbefugnis für Theologie und wurde vom Priesteramt suspendiert . . .

»Natur und Gott«, »Gottnatur«, »Gott in der Natur« – diese Aspekte eines alten Themas werden uns sicher noch eine Weile erhalten bleiben, auch wenn manche von uns der Meinung sind, daß »Gott« nur eine Nutzfunktion hat. Wenn aber selbst einige Naturwissenschaftler unserer Tage noch in oder »hinter« der Natur Absichten eines Schöpfers vermuten, dann ist auch anzunehmen, daß ein in irgendeiner Weise mit dem Glauben an Gott verbundenes Naturbild nicht so schnell ausradiert werden wird. Nun mögen viele denken, daß der Glaube an Gott doch gerade deshalb wesentlich sei, weil wir im Gedanken an die Schöpfung besser in der Lage sind, unsere Verantwortung für die Natur wahrzunehmen und aktiv Naturschutz zu betreiben. Immerhin fordert etwa der schon erwähnte Günter Altner eine »Schöpfungsgemäßheit« unseres Verhaltens und Handelns. Und Altner hat sich in Fragen der Bioethik seit vielen Jahren stark engagiert. Inwieweit wir tatsächlich für *die Natur* verantwortlich sind, sei zunächst aber dahingestellt; wir werden darauf noch zurückkommen. Warum aber sollte es des Schöpfungsglaubens bedürfen, wenn wir von der Notwendigkeit des Naturschutzes überzeugt werden sollen? Sind denn einzelne Arten von Lebewesen nur dann schützenswert, wenn sie von Gott erzeugt, geschaffen wurden? Meine Antwort darauf ist klar: *Nein.*

Flucht in die Geborgenheit

Naturbewunderer, Naturverehrer bedürfen sicher nicht unbedingt des Glaubens an ein höheres Wesen. Auch Nudisten folgen in gewissem Sinn der Parole »Zurück zur Natur«, aber sie sind deshalb noch lange nicht gläubige Menschen. Sie sind auch nicht unbedingt davon überzeugt, daß bestimmte Tier- und Pflanzenarten geschützt und vor dem Aussterben bewahrt werden sollen. Sie haben ihren eigenen Begriff von Natur, mit dem sie ihre sprichwörtliche paradiesische Nacktheit an Badeständen rechtfertigen. Jeder und jede« möge auf seine und ihre Art glücklich werden. Natur kann ja auch bedeuten, die Vorstellungen, die sich ein Mensch von ihr macht, auszuleben.

Schwärmer sind eine Schmetterlingsfamilie mit etwa tausend Spezies, torpedoförmige Nachtfalter mit relativ dickem Rumpf, die meist einen langen Rüssel besitzen und Nektar saugen. Als »Schwärmer« bezeichnet man aber auch fanatische Menschen, und das *Schwärmertum* umfaßte radikale Bewegungen der Reformationszeit, Strömungen, denen der Glaube an die »innere Erleuchtung« unabhängig von der Bibel gemeinsam war und deren Vertreter radikale Ideen, mystisch-subjektivistische und apokalyptische Gedanken verbreiteten. Der Historiker Friedrich Heer (1916–1983) leitete aus dem Schwärmertum den Nationalsozialismus ab.

Es ist bekannt, daß man im Nationalsozialismus einer »Blut- und-Boden-Mythologie« huldigte, in der alles »Natürliche«, alles »Gesunde« seinen Platz fand. Ebenso bekannt ist, daß die Nationalsozialisten die Idee von der »Reinheit« propagierten, womit sie die »Reinheit« des eigenen Volkes verstanden. Ihre Propaganda fand in Turn- und Sportvereinen und in Hygieneregeln lebhaften Ausdruck; die Gesunderhaltung der arischen Rasse sollte gefördert, die Rasse auf den Kampf gegen rassenfremde Elemente und gegen alle »minderwertigen« Völker vorbereitet werden. In der Lehre von der Gesunderhaltung des »Volkskörpers«, in der *Rassenhygiene* des Dritten Reiches, waren zur Perversion verkehrte Ideen komprimiert, die sich allerdings in der Geschichte weit zurückverfolgen lassen.

Romantische Vorstellungen von der Natur, vom Leben, und die Kriege des frühen 19. Jahrhunderts hatten bei praktisch allen europäischen Völkern zu nationalistischen Bestrebungen geführt und das Interesse für die eigenen Ursprünge gefördert. Die Rückbesinnung der Deutschen auf das alte Germanentum war vor diesem Hintergrund nicht so ungewöhnlich. Selbst die Propagierung der Reinerhaltung der eigenen Rasse hat eine lange Tradition und strapaziert ein Naturkonzept, das im Denken vieler Menschen seit alters tief verwurzelt ist. Darwins Selektionstheorie, die Theorie der »natürlichen Zuchtwahl«, auf die im nächsten Kapitel genauer einzugehen sein wird, bot im späten 19. und frühen 20. Jahrhundert diesem Naturkonzept ein neues Fundament. Wie der Medizinhistoriker Gunter Mann ausführt, basierten die Hauptideen der Rassenhygiene im wesentlichen auf zwei Voraussetzungen: Zum einen dachte man, daß die »natürlichen Regelungsmechanismen«, die Förderung des Gesunden und »Starken« einerseits, die Eliminierung des Kranken und »Schwachen« andererseits, als solche gut sind. Die Kraft solcher Regelungsmechanismen aber schwindet unter dem Einfluß der Zivilisation, die Medizin greift in die natürlichen Ausleseprozesse ein, so daß die Natur nicht mehr ihr eigenes Maß anlegen kann. Zum zweiten sah man in der physischen Gesundheit einer Rasse die grundlegende Bedingung für ihre Existenz. Daher wurde in der Konsequenz gefordert, die Rasse »hygienisch« zu behandeln, so, wie es die Natur auch tun würde. Die letzte Konsequenz davon war, im Dritten Reich, die Ausmerzung »unwerten« Lebens.

Der *Sozialdarwinismus*, wonach die Selektionstheorie in einem *normativen* Sinn auf die menschlichen Gesellschaften anzuwenden ist, hat seine Wurzeln im 19. Jahrhundert (allerdings nicht bei Darwin!). Im Vorfeld des Dritten Reiches erlebte er seine erste Blütezeit in der Theorie. Biologen, Ärzte, Juristen und selbsternannte »Fachleute« brachten in den ersten Jahrzehnten unseres Jahrhunderts zahlreiche Schriften in Umlauf, in denen sie mit Besorgnis die Degenerationserscheinungen des »Kulturmenschen« – oft weitgehend identisch mit dem »deutschen Volke« – feststellten und Auslese, »Zuchtwahl«, forderten. Ein Autor der Zeit, Willibald Hentschel, brachte in seinem Buch *Vom aufsteigenden Leben* diese Forderung mit folgenden Worten auf den Punkt:

> Mag man also die Krüppel und Entarteten bis an ihr Ende pflegen und auch alle Reichtümer den Unbedenklichen überlassen, wenn es die Zeit nun schon verlangt – selbst den Verbrechern mag man alle Vorteile in Staatspalästen gewähren –, so soll man doch nicht soweit gehen, nun allen diesen auch noch zu gestatten, daß sie mit ihrer Brut den Wohlgeborenen den Raum streitig machen. Man muß sich vielmehr vergegenwärtigen, daß irgendwo und irgendwann auch das Mitleid ein Ende haben muß (1922, S. 162 f.).

Also: Natur als Maßstab. Unsere Kultur zwingt uns Humanität auf, aber diese muß Grenzen haben, da sich ansonsten die Natur rächen und das ganze Volk in die Entartung treiben wird. Selbstverständlich verlangte diese Sicht der Dinge eine rigorose Sexualethik: Gesundes darf sich nur mit Gesundem paaren.

Nun mag es merkwürdig scheinen, in diesem Zusammenhang von einer Flucht in die »Geborgenheit« zu sprechen. Das Dritte Reich mit seinem auf grausamste Weise praktizierten Sozialdarwinismus hat uns alle doch das Schaudern gelehrt. Aber man bedenke, daß ihm ein »positives« Naturbild vorausging, das die Glorifizierung einer »Herrenrasse«, die Propaganda der »Zuchtwahl« und den Ausschluß des »Minderwertigen« so erfolgreich machte. Es scheint, daß die Unzufriedenheit mit den Verhältnissen in der Zivilisation mit einiger Regelmäßigkeit den Ruf »Zurück zur Natur« erschallen läßt (wobei dieser Ruf im Dritten Reich die denkbar grausamsten Folgen hatte). An wen oder an was soll man appellieren, wenn unsere Zivilisation keine wünschenswerten Resultate hervorbringt? »Mutter Natur« liefert wohl doch die besten Haltegriffe, sie vermag uns zu zeigen, was richtig und was falsch ist, gut oder schlecht.

Wir haben verschiedene Redeweisen und Metaphern, die zumindest indirekte Hinweise auf jenes Gefühl der Geborgenheit liefern, das uns die Natur – angeblich oder tatsächlich – vermitteln kann: sich »im Schoß der Natur ausruhen«, »am Busen der Natur laben«, »der Natur hingeben« usw. Letztlich geht es dem Menschen, jedem einzelnen Menschen darum, einen Platz zu finden, der ihm Geborgenheit vermittelt. Dieser kann ganz konkret verstanden werden, als Ort, an dem man sich einfach wohlfühlt (beispielsweise ein Wiener Kaffeehaus), oder eben auch abstrakt, als ausgezeichneter Ort im Universum, an dem ewige Naturgesetze den Menschen an den Gipfel der Schöpfung gestellt haben. Der Mensch ist das geborene Kleingruppenwesen, er sucht nach Identität, er will irgendwo dazugehören – daher läßt sich z. B. auch mit dem *Heimatbegriff* gut Politik machen. In einer 1995 erschienenen Abhandlung habe ich die biologischen und anthropologischen Wurzeln des Heimatgedankens vor dem Hintergrund unserer Stammesgeschichte aufzuzeigen versucht. Erlebnisse unserer Kindheit sind bekanntlich vielfach prägend, und wir können in frühen Stadien unserer individuellen Entfaltung Vorlieben und Abneigungen entwickeln, die später kaum noch ausradiert werden können. Vertrautheit und Geborgenheit finden wir unseren stammesgeschichtlichen Neigungen gemäß jedenfalls viel eher in einer kleinen Gruppe als in den anonymen Massengesellschaften unserer Großstädte. Natur dient uns daher oft als Ersatz für jene Geborgenheit, die wir in der Hektik unserer Zivilisation vermissen. Auch damit läßt sich gut Politik machen. Die Sehnsucht nach der »Ruhe in der Natur« kann freilich unter gegebenen sozialen, wirtschaftlichen und politischen Bedingungen zu einer Blut-und-Boden-Mythologie pervertiert werden, wie es im Nationalsozialismus geschah, dessen Propagandisten ebenso aus der Sehnsucht nach Heimat Kapital zu schlagen wußten (so daß sie unzählige Menschen aus ihrer Heimat vertrieben und sie jedes Gefühls von Geborgenheit auf grausamste Weise beraubten).

Selbstverständlich vermögen uns nur bestimmte Seiten der Natur ein Gefühl der Geborgenheit zu vermitteln. Tropische Wirbelstürme, der Einschlag eines Asteroiden auf der Erde oder gefährliche Krankheitserreger lehren uns das Fürchten. Aber auf der Basis einer Ideologisierung der Natur unterscheidet man, wie der Nationalsozialismus zeigt, sehr wohl zwischen den »guten« und den »schlechten« Seiten der Natur und sieht den »gesunden Volkskörper« durch »Parasiten« gefährdet, die es zu eliminieren gilt, damit das »natürliche Gleichgewicht« wiederhergestellt werde. Da sich Ideologen nie ernsthaft um die *Wirklichkeit* kümmern müssen, genügt auch in diesem Zusammenhang die bloß schablonenhaft hervorgekehrte »gute« Seite der Natur, der man dann ebenso schablonenhaft »das Schlechte« gegenüberstellt, als ob dieses mit der Natur nichts zu tun habe. Es liegt in der »Logik« einer so perversen Ideologie wie der des Nationalsozialismus, daß offenbar niemand ernsthaft gefragt hat, wieso es »der Natur« denn nie gelungen ist, Parasiten loszuwerden, und warum diese statt dessen in so vielen Arten nach wie vor existieren. Zum »gesunden Naturkörper« gehören offensichtlich nicht nur kraftvolle, um nicht zu sagen edle Kreaturen, sondern auch allerlei Arten, die einem idealisierten und ideologisierten Bild der Natur so gar nicht entsprechen. Andererseits haben sich damals auch manche Wissenschaftler nicht entblödet, innerhalb einer Tierart zwischen den guten nordischen und den schlechten südländischen Rassen zu unterscheiden, beispielsweise im Fall des Haushuhns.

Es ist wichtig, sich grundsätzlich zu vergegenwärtigen, daß viele der geistigen Strömungen in Vergangenheit und Gegenwart, viele Ideen und Ideologien über den Menschen und seine sozialen Verhältnisse gar nicht denkbar wären ohne ein entsprechendes Naturbild. Ob man die Natur – oder eben das, was man darunter verstehen will – als Vorbild für menschliches Verhalten und Handeln nimmt, ob man in der Natur Positives oder Negatives erblickt, stets dienen die menschlichen Bewertungen der Natur als unauslöschliche Grundfarbe auch für ein Bild des Menschen. Daran kann man eigentlich kaum Kritik üben, weil der Mensch nun einmal keine anderen als seine eigenen Deutungen der Welt, der Natur, zur Verfügung hat. Aber zumindest Vorsicht sollte man in Anbetracht vieler Naturbilder walten lassen.

Natur, wie wir sie wollen

Welches Naturbild uns besonders sympathisch ist, ist nicht schwer zu erkennen, jeder und jede kann es an sich selbst herausfinden. Vor allem ergreifen wir intuitiv Partei für oder gegen bestimmte Geschöpfe. Man darf jede Wette eingehen, daß so gut wie alle Menschen, die sich im Fernsehen einen Tierfilm ansehen, in dem beispielsweise eine Schlange ein Kaninchen tötet, dem Kaninchen Mitleid entgegenbringen, die Schlange aber mit Antipathie strafen werden. Eine solche Haltung ist irrational, und das wissen die meisten von uns auch. Aber unser Gehirn ist nun einmal so beschaffen, daß es Information nicht einfach aufnimmt, sondern auch *bewertet.*

Die Information »Die Schlange tötet das Kaninchen« hat einen negativen Hintergrund, vor allem, wenn sie uns visuell vermittelt wird. Wahrscheinlich könnten sich die meisten Menschen eine Welt ohne Schlangen gut vorstellen und fänden eine solche Welt auch besser. Eine Welt ohne Kaninchen? Die wäre sicher auch vorstellbar, aber daß es Kaninchen gibt, empfindet wohl niemand als schlimm, und zwar nicht nur deshalb, weil viele ihr Fleisch und ihr Fell schätzen, sondern weil Kaninchen einfach sympathische Tiere sind, mit denen man auch jemandem zu Weihnachten Freude bereiten kann. Die Zahl jener Menschen aber, die sich über eine (lebende) Schlange als Weihnachtsgeschenk freuen, dürfte sich – zumindest im abendländischen Kulturkreis – in Grenzen halten.

Schlangen sind bei uns prinzipiell negativ besetzt, und zwar nicht nur die giftigen Arten, vor denen sich ein Mensch mit einiger Berechtigung fürchten darf. Schließlich war es eine Schlange, die schon im Garten Eden Unheil brachte. Und der Ausdruck »Schlange«, auf einen Menschen angewandt, wird von diesem nicht gerade als Kompliment empfunden. Es dürfte eher selten vorkommen, daß ein Mensch einen anderen als »Kaninchen« bezeichnet, doch wenn es geschieht, dann wird sich der kaum beleidigt fühlen. Aber Tiernamen als Schimpfwörter sind im allgemeinen kein verläßlicher Gradmesser für unsere Gefühle den betreffenden Arten gegenüber. »Sie (Du) Hund!« ist eine (große) Beleidigung, obwohl Hunde grundsätzlich unsere Sympathie genießen.

Wollen wir wissen, welche Tiere generell Sympathie oder Bewunderung verdienen, dann brauchen wir nur einen Werbepsychologen fragen oder einfach ein paar Werbeeinschaltungen im Fernsehen über uns ergehen lassen. Neuerdings widme ich, im Interesse des vorliegenden Buches, diesen Dingen etwas mehr Aufmerksamkeit. Im Augenblick fallen mir Pinguine, Spechte, Hühner und Tauben ein, Tiger, Hasen und Kaninchen, Kühe, Schweine, Hunde und Katzen – alles Tiere, denen in der Werbung offenbar eine positive Bedeutung zukommt, die also helfen sollen, bestimmte Produkte besser zu verkaufen (Tiere als Helfer des Menschen ...). Zusammen mit verschiedenen Produkten wird damit aber auch ein einseitiges, ja höchst bedenkliches Naturbild verkauft, das an der Wirklichkeit vorbeigeht und die Gefahr in sich birgt, vor allem Kindern und Jugendlichen, die ihre Information heute ohnehin in der Hauptsache aus dem Fernsehen beziehen, eine sehr schiefe Vorstellung von Natur zu vermitteln. Wollen wir nun sehen, was Natur im allgemeinen, abgesehen von einzelnen Tierarten, für den Durchschnittsverbraucher heute bedeutet, dann brauchen wir nur einige Reiseprospekte und Wochenendbeilagen diverser Zeitungen mit Reisetips durchzublättern.

Da rufen einmal exotische Strände mit hohen Palmen und ewig blauem Himmel, Wildwasserfahrten (für diejenigen, die es etwas aufregender haben wollen) und natürlich Safaris, die die großen Wildtiere Afrikas hautnah erleben lassen. Wandern im heimatlichen Gebirge tut's freilich auch, vor allem wird dabei die Brieftasche des Reisenden geschont. Wer's besonders preiswert und gleichzeitig wirklich erholsam haben will, wird zum Urlaub auf einen Bauernhof eingeladen. Da werden »Frischluftzufuhr« und »Wiesenglück« versprochen, »Naturkost« und »Seelenfreude« – alles inklusive, versteht sich. Ich habe persönlich nichts gegen exotische Strände einzuwenden, gegen Safaris (sofern dabei Tiere nicht belästigt oder gar erschossen werden) oder gegen Bergtouren. Den Urlaub auf dem Bauernhof finde ich für Stadtbewohner mit Kindern sogar sehr empfehlenswert, damit die Kinder sehen, daß die Milch im Supermarkt tatsächlich von Kühen stammt und Eier von Hühnern gelegt werden. Nebenbei können sie lernen, welchem biologischen Zweck es dient, wenn ein Hahn eine Henne besteigt. Nur soll man ihnen um Himmels willen keine »Bauernromantik« vorgaukeln, wo unsere Landwirte in der Europäischen Union einem harten Konkurrenzkampf ausgesetzt sind, der täglich viele von ihnen umbringt! Abgesehen davon sind Bauernhöfe Aspekte der *Kultur* und haben mit »reiner« Natur nichts mehr zu tun. In dieser würden die meisten »zivilisierten« Menschen höchstens einige wenige Tage überleben. Man probiere einmal, mit knurrendem Magen einen Feldhasen zu fangen, ihn zu töten, ihm das Fell abzuziehen (alles mit bloßen Händen) und ihn danach am offenen Feuer zu braten! Vegetarier hätten es dabei vielleicht einfacher. Sollte man glauben. Man suche doch in der Wildnis (nicht in »Kulturlandschaften«) nach eßbaren Wurzeln und Früchten!

Die Natur, wie wir sie wollen, ist ganz verschieden von der Natur, wie sie wirklich ist, also von der vom Menschen tatsächlich unberührten Natur, in der uns auch keinerlei technische Mittel zu ihrer »Bewältigung« zur Verfügung stehen. Dem Teilnehmer einer Safari ist es zwar gegönnt, Giraffen, Antilopen, Löwen und Elefanten in »freier Natur« zu sehen, aber er selbst ist mit Hilfe seiner Zivilisation für diese Naturbegegnung gerüstet; er trägt schützende Kleidung, ist gegen gefährliche Krankheiten geimpft und sitzt in einem Auto, das ihm relative Sicherheit vor Angriffen etwaiger Tiere bietet. Der moderne Jäger ist mit seinen Handfeuerwaffen jedem Tier überlegen, und der Urlauber auf einem Bauernhof in Tirol ist nicht gezwungen, mit bloßen Händen Nahrung zu erwerben, da der Bauernhof selbst schon mit einer Reihe technischer Raffinessen ausgestattet ist, Maschinen, die dem Menschen zumindest einen schwierigen Teil der Arbeit abnehmen. Es wäre also völlig verfehlt, hier von Natur im engeren Sinn zu sprechen, also nochmals von Natur, die vom Menschen unberührt ist, oder von Natur als unserem »gleichwertigen Partner«.

Zwischen 1993 und 1998 erschien zweimonatlich die – nun leider längst eingestellte – Zeitschrift *Abenteuer Natur*, deren Redakteure sich stets bemühten, ein einigermaßen realistisches Naturbild, ohne Romantik und Schwärmerei, zu vermitteln. (Vielleicht hat ja die Zeitschrift gerade deshalb nicht genug Anklang beim Publikum gefunden?) Der Autor eines Leserbriefs empörte sich einmal darüber, daß in der Zeitschrift Ausdrücke wie »Raubtiere« verwendet werden; es sei an der Zeit, »Raubtier« durch »Beutegreifer« zu ersetzen. Das ist insofern interessant, weil manche tatsächlich zu glauben scheinen, man würde Tieren einen guten Dienst erweisen, wenn man ihre Namen ändert. Naturfreunde können bisweilen recht weltfremd sein. Manche von ihnen scheinen überhaupt vergessen zu haben, daß das Ergreifen und Töten von Beute zum Naturalltag gehört, nicht nur in der Welt der »Raubtiere« unter den Säugetieren (Katzen-, Hundearten, Bären usw.), sondern beispielsweise auch in der Welt der Spinnen und Insekten, ganz gleich, wie wir diese Tiere bezeichnen. Thomas G. Schmidt nahm seine Aufgabe als Chefredakteur sehr ernst und griff immer wieder mal selbst zur Feder. »Je näher wir an der Natur dran sind«, schrieb er einmal, »desto deutlicher meldet sich das Konkurrenzdenken.« Aber darüber wird auch in diesem Buch noch einiges zu sagen sein. Was unsere eigenen Möglichkeiten des Überlebens in der unberührten Natur betrifft, meinte er: »Mit unserem zivilisatorischen Schnittmusterbogen im Hinterkopf sind wir in der freien Wildbahn ziemliche Idioten, ohne ihn wären wir lediglich Beute.« (Siehe oben!)

Aber von der Natur, die wir wollen, leben auch die Hersteller von Plüschtieren offenbar sehr gut. Wer von uns hatte nicht seinen Teddybären! Dabei ist nichts dagegen einzuwenden, Kindern Teddybären zu schenken. Man sollte den Kindern aber irgendwann auch deutlich machen, daß ein Teddybär kein *Bär* ist, daß *Bären* uns Menschen nicht anlächeln und nicht dazu geschaffen sind, uns unter der Decke zu wärmen. Besondere Beliebtheit genießt heute jedoch – auch als Kuscheltier – der Bambusbär oder Große Panda, das Symbol des WWF (*World Wildlife Fund*). Unter Zoologen gibt es seit langem einen Streit darüber, ob der Große Panda überhaupt ein echter Bär, also zur »Raubtier«(!)-Familie der Bären oder Ursidae zu zählen ist. Der Wiener Paläontologe Erich Thenius neigt zu der Auffassung, daß der Bambusbär vor allem in bezug auf seinen Bau und sein Verhalten in eine eigene Familie (Ailuropodidae) gehört. Das wird dessen Freunde in aller Welt nicht weiter beunruhigen. Warum sie den Bambusfresser liebgewonnen haben und jetzt, da er vom Aussterben bedroht ist, um ihn besorgt sind, ist aus der Sicht der Verhaltensforschung leicht zu erklären. Er erfüllt – auch als erwachsenes Tier – sehr gut die Kriterien für das *Kindchenschema*, das bei uns im allgemeinen ein Hegebedürfnis auslöst: Runder Kopf, große Augen, rundlicher, gedrungener Körper (Abb. 2). Als Nahrungsspezialist, der etwa zwei Drittel seines Lebens damit verbringt, nährstoffarme Bambusschößlinge zu kauen und zu fressen und Unmengen davon wieder auszuscheiden, ist der Große Panda in Zoos schwer zu halten. Man kann ihn aber z. B. im Berliner Tiergarten besichtigen. Beinahe immer, wenn ich in Berlin bin, gehört ein kurzer Zoobesuch zu meinem Pflichtprogramm. Schließlich gehöre ich auch zu den Freunden dieses eigenartigen Geschöpfs. Aber ich versuche mir zu vergegenwärtigen, mit welcher Gleichgültigkeit der Bambusbär selbst unserer Sorge um ihn begegnet, wie gleichgültig jedem einzelnen seiner Exemplare der drohende Untergang seiner Spezies ist und wie stark sein Leben von seinem unbe-

Abbildung 2: Großer Panda

wußten Drang, genügend Bambus zu finden, bestimmt wird. Wohl wäre es schön, einen Großen Panda einmal zu streicheln, ihm unsere Sympathie mitzuteilen. Aber er wird uns nicht verstehen. Ich rate im übrigen zur Vorsicht: Unter allen Raubtieren verfügt diese Spezies über die stärksten Backenzähne.

Tiere, die wir sympathisch finden, müssen unsere Sympathien nicht erwidern. Sie können das, von bestimmten Tieren wie Hunden einmal abgesehen, ohnehin nicht. Jedenfalls sollten wir uns vor Augen führen, daß Natur insgesamt nicht darstellt, was wir erwarten.

»Grün« ist in unserer Zeit, in unserer Zivilisation, eine Metapher für Natur, keineswegs nur im politischen Sinn. »Hinaus ins Grüne« hat eine ähnliche Bedeutung wie »Zurück zur Natur«. Was in unseren Breiten grünt, und vor allem die Art und Weise, wie es grünt, ist jedoch weitgehend auf uns Menschen und unsere Beeinflussung unserer ursprünglichen natürlichen Umwelt zurückzuführen. Natur, wie wir sie wollen, ist mithin im wesentlichen unser eigenes Erzeugnis, in einem konkreten und einem ideellen Sinn. Diese Feststellung hat wichtige Implikationen für den Naturschutz: Was meinen wir, wenn wir die Natur zu schützen vorgeben? Es ist zu hoffen, daß spätere Kapitel des vorliegenden Buches dieses Problem erhellen werden. Es ist aber auch zu hoffen, daß dieses Buch den Naturschutzgedanken insgesamt in ein neues Licht rückt.

Der Mensch hat sich eine paradoxe, ja absurde Situation geschaffen. Seiner Zivilisation, die ihm zweifelsfrei viele Vorteile – auch im strikt biologischen Sinn (Überleben!) – verschafft, sind viele Angehörige seiner Spezies überdrüssig geworden. Also suchen sie Zuflucht in der Natur, von der sie annehmen, daß sie allein seligmachend ist. Ob sich die Natur – darunter durchaus auch exotische Strände, die Zielorte von Safaris und die Berge und Wälder, die den Wanderer beglücken – dankbar erweisen wird, ist allerdings mehr als fraglich. Mit der steigenden Zahl der Menschen, die in entlegene Gegenden oder auch bloß zum Schifahren ins jeweilige Nachbarland reisen und dort die »reine Natur« entdecken und genießen wollen, wird ebendiese Natur mehr oder weniger systematisch zerstört. Diese Situation ist bisher einmalig in der Entwicklungsgeschichte des Lebens auf der Erde. Keine Spezies vor oder neben uns bedurfte oder bedarf je der Erholung »in der Natur«, keine Spezies hatte überhaupt jemals Probleme mit der Natur. Das bedeutet allerdings nicht, daß der Mensch tatsächlich die erste Spezies ist, die ihre natürliche Umwelt zu ihren eigenen Gunsten umzugestalten versucht. Im Grunde genommen versuchen das alle Arten – nur ist ihnen dabei relativ wenig Erfolg beschieden. Ob *Homo sapiens* langfristig Erfolg beschieden sein wird, ist wiederum mehr als fraglich.

Naturromantik und Schwärmertum helfen uns jedenfalls nicht weiter, wenn wir begreifen wollen, was Natur tatsächlich ist, wo wir in der Natur stehen und was unsere eigene Natur ausmacht. Etwas über unsere eigene Natur haben wir schon gelernt, nämlich, daß sie uns veranlaßt, unsere eigene (natürliche) Umgebung zu verschleiern, und daß sie uns hilft, uns so zu sehen, als ob wir uns aus der Natur sozusagen hinauskatapultieren könnten. Ein fataler Irrtum. Irren ist nicht nur menschlich, aber das beharrliche Festhalten an Irrtümern scheint zu den Eigentümlichkeiten unserer Spezies zu gehören. So erfreuen sich auch heute noch Naturromantiker und Schwärmer großer Beliebtheit. Manchmal hat man überhaupt den Eindruck, daß die meisten

Menschen die Natur um sie herum und sich selbst ohnehin viel lieber durch einen rosaroten Schleier sehen, als sich mit den tatsächlichen Gegebenheiten zu beschäftigen und diese zu akzeptieren.

Dies ist gewiß einer der Gründe dafür, daß jene Theorie, die ein knallhart realistisches Naturbild vermittelt, nämlich die Theorie Darwins, heute noch angefeindet und mitunter ganz massiv angegriffen wird. Es ist daher auch im vorliegenden Buch nicht nur nützlich, sondern auch notwendig, sich mit dieser Theorie eingehender zu beschäftigen.

2. Darwins wirklich gefährliche Idee

*»Aus dem Kampf der Natur,
aus Hunger und Tod . . .«*

Der amerikanische Philosoph Daniel C. Dennett hat neuerdings ein umfangreiches Buch der »gefährlichen Idee« Charles Darwins gewidmet. *Darwin's Dangerous Idea*, inzwischen auch in deutscher Übersetzung verfügbar, ist ein etwas langatmiges Buch; seine sechshundert (in der deutschen Ausgabe fast achthundert) Seiten hätte der Autor auch auf die Hälfte reduzieren können, aber über Stil und Umfang von Büchern kann man streiten. Unbestritten ist die »Gefahr«, die von Darwins Idee nach wie vor ausgeht. Denn diese Idee reicht weit über das engere Gebiet der Biologie hinaus und läßt, nimmt man sie wirklich ernst, auch die Entwicklung unserer Sozialsysteme und die Entwicklung unseres Erkennens und Denkens in einem neuen Licht erscheinen. Doch selbst in der Biologie blieb nach Darwin kein Stein auf dem anderen. Um gleich zu verstehen, was gemeint ist, sollte man sich folgende Stelle in Darwins Buch *On the Origin of Species (Über die Entstehung der Arten)* vor Augen führen: »So geht aus dem Kampfe der Natur, aus Hunger und Tod unmittelbar die Lösung des höchsten Problems hervor, das wir zu fassen vermögen, die Erzeugung immer höherer und vollkommener Thiere« (1859 [1988, S. 565]).

Charles Darwin (1809–1882) studierte auf Wunsch seines Vaters Theologie, nachdem er sein Medizinstudium aufgrund seiner Sensibilität (man operierte damals noch ohne Narkose!) abbrechen mußte. Sein Interesse galt ohnehin den Naturwissenschaften, Zoologie, Botanik, Geologie. Er war ursprünglich durchaus davon überzeugt, daß die Organismenarten konstant, von Gott geschaffen sind; er hatte ja während seines Theologiestudiums die Schriften der Naturtheologen, vor allem Paleys Werk, studiert (vgl. S. 27). Eine fünfjährige Weltreise und die Lektüre einschlägiger naturwissenschaftlicher Werke, vor allem Charles Lyells *Geologie*, sollten ihn jedoch eines besseren belehren.[2] Über Darwin, sein Leben und sein Werk ist eine Unmenge von Schriften publiziert worden. Zu den neuesten Büchern zählt Mayrs ... *und Darwin hat doch recht.* Ernst Mayr, heute selbst schon ein Klassiker der Evolutionsbiologie, ist einer der glühendsten Verfechter der Lehre Darwins. Sein Buch ist daher zugleich als Verteidigungsschrift für Darwin zu lesen. Es ist merkwürdig, daß Darwin heute überhaupt noch einer Verteidigung bedarf. Die Sache ist doch längst entschieden, oder?

Hier soll gar nicht die Rede davon sein, daß selbst heute noch viele Menschen die Evolution als solche anzweifeln, also die *Tatsache,* daß die Organismenarten veränderlich sind und die derzeitigen Spezies Resultate langer stammesgeschichtlicher Vorgänge darstellen. Diese Tatsache war schon vor Darwin bekannt, er mußte sie nur noch einmal sozusagen für sich selbst entdecken. Das geschah während seiner Weltreise mit dem Königlichen Schiff *Beagle,* das er als Naturforscher und Gesellschafter des Kapitäns von 1831 bis 1836 rund um den Globus begleitete. Die Fülle von zoologischen, botanischen, geologischen und paläontologischen Phänomenen, die Darwin dabei beobachten konnte, überzeugte ihn allmählich davon, daß die Organismenwelt nicht Ergebnis einer einmaligen Schöpfung sein kann und die Arten also nicht konstant, sondern veränderlich sind. Diese Einsicht war im 19. Jahrhundert – und ist oft heute noch – ein prinzipielles Ärgernis, weil sie der liebgewonnenen Vorstellung vom allmächtigen Schöpfer widerspricht und an den Grundfesten religiöser Dogmen kratzt. Aber es kam schlimmer.

Darwins genuiner Beitrag zum Verständnis der Lebewesen, seine *Selektionstheorie* oder *Theorie der natürlichen Zuchtwahl,* erklärt den Wandel der Organismen in langen Zeiträumen durch einen Mechanismus, der jede planende Absicht in der Natur ausschließt. Der Kampf der Natur, Hunger und Tod allein bringen demnach die Evolution in Gang. So präsentierte Darwin seinen Zeitgenossen ein düsteres Naturbild, das bis heute ständig auch für Mißverständnisse und Fehlinterpretationen sorgt. Der Sozial-

---

2 Charles Lyell (1797–1875) war einer der Pioniere der modernen Geologie und ein Wegbereiter des Evolutionsgedankens. Er darf als Begründer der *historischen Geologie* gelten, die die Erde in ihrer geschichtlichen Entwicklung begreift. Seine *Geologie oder Entwicklungsgeschichte der Erde und ihrer Bewohner* und andere seiner Werke sind wahre Schatztruhen des geologischen und paläontologischen Wissens seiner Zeit.

darwinismus als gröbste und folgenschwerste Fehldeutung der Lehre Darwins wurde bereits erwähnt. Wie sieht nun die Selektionstheorie eigentlich aus, welche Elemente und Konsequenzen enthält sie? Ich will hier, mit Hilfe eines einfachen Diagramms (Abb. 3), in äußerst gedrängter Form eine Antwort darauf geben.

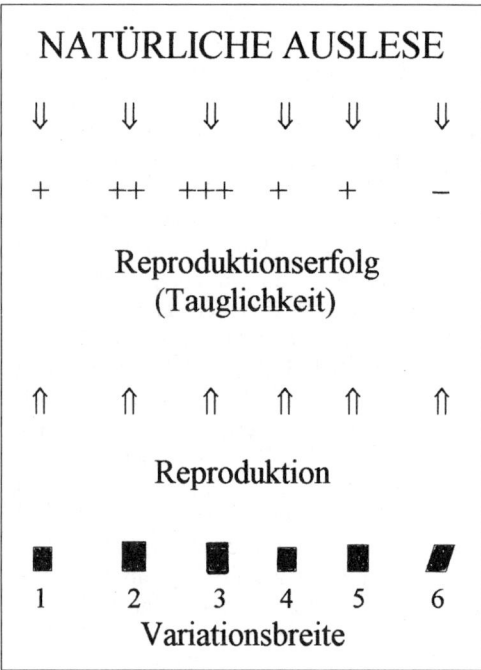

Abbildung 3

Darwin beobachtete, daß die Individuen einer Art variieren, einander zwar ähneln, sich aber hinsichtlich vieler Merkmale voneinander unterscheiden. Diese Beobachtung ist sehr leicht nachzuvollziehen. Tatsächlich gibt es von jeder Tierart kleinere und größere Individuen, manche haben längere Ohren als ihre Artgenossen, längere Schwanzfedern, kleinere Nasen, kräftigere Zähne, ein dichteres Fell, manche sind unbeholfener als andere usw. Die heute lebenden sechs Milliarden Individuen des *Homo sapiens* beispielsweise sind einander so ähnlich, daß sie ein intelligentes außerirdisches Wesen sicher auf Anhieb als »zusammengehörend«, als Vertreter ein und derselben Art erkennen würde. Trotzdem unterscheiden wir uns alle voneinander in unzähligen Merkmalen – von der Hautpigmentierung und Haarfarbe über die Größe der Ohrläppchen bis zu den Fingerabdrücken, die jeden einzelnen von uns eindeutig identifizieren. Ähnliches gilt nun auch für alle anderen Spezies. Kurz gesagt, das Individuum ist einmalig.

Darwin beobachtete ferner, daß in der Natur ein Nachkommenüberschuß herrscht, daß die Lebewesen mehr Nachkommen hervorbringen, als ihrerseits überleben bzw. das Fortpflanzungsalter erreichen. Auch das ist einsichtig. Wie jeder Naturfreund weiß, bringen z. B. Feldhasen nur einen relativ kleinen Teil ihrer Nachkommenschaft durch. Der Rest verhungert, wird von Raubtieren getötet oder kommt unter die Räder unserer Autos. Autos fehlten in der Evolution zwar die längste Zeit, aber es gab immer genug Gefahren, die viele Feldhasen nicht überstanden. Von Geparden weiß man, daß nur jedes zehnte Junge die ersten drei Lebensmonate übersteht, weil diese Katzen besonders krankheitsanfällig sind. Was aber auch immer die Ursachen der Dezimierung der Nachkommen eines Lebewesens im einzelnen sein mögen, Tatsache bleibt, daß eben meist nur relativ wenige überleben. Im Zusammenhang mit dem Nachkommenüberschuß steht aber noch eine dritte Beobachtung Darwins, nämlich die Begrenztheit der Ressourcen, der Nahrungsmittel. Die Ressourcen vermehren sich langsamer als die Lebewesen, so daß diese auf ein begrenztes Nahrungsangebot stoßen. Auch das ist durchaus verständlich. Kein Tier lebt ständig im Schlaraffenland. In den gemäßigten Breiten etwa folgt aus den jahreszeitlich bedingten Temperaturschwankungen regelmäßig eine Ressourcenknappheit. Man denke nur z. B. an Rehe, die bei Schnee und Kälte nach Nahrung suchen müssen.

Aus diesen Beobachtungen leitete Darwin zwei Schlußfolgerungen ab, die den Kern seiner Selektionstheorie bilden: Erstens kommt es unter den Individuen jeder Art zu einem Wettbewerb, zweitens zeigen die Individuen eine unterschiedliche Tauglichkeit zum Überleben. Da die Individuen einer Art, wie gesagt, voneinander verschieden sind, sind auch nicht alle gleich gut dazu geeignet, den Existenzkampf in der Natur zu bestehen. Es überleben nur die Tauglichsten. Diese Formel des *survival of the fittest* gibt ebenso häufig Anlaß zu Mißverständnissen wie der Ausdruck »Kampf ums Dasein« (*struggle for existence*). Zur Klarstellung: Der Wettbewerb ums Dasein spielt sich keineswegs immer als ein blutiger Kampf mit Zähnen, Hörnern und Klauen ab, den der jeweils »Stärkste« gewinnt. Vielmehr geht es auch darum, daß Individuen über bestimmte »Einrichtungen« verfügen, die sie tauglicher als andere machen, was bedeutet, daß beispielsweise derjenige gewinnt, der schneller als andere laufen kann, der effektiv nach Futter sucht, sich vor Feinden in Schutz bringen kann, besser hört, sieht oder riecht, die Beute schnell zu verstecken in der Lage ist usw. Ein »Überleben des Stärksten«, das immer in einem buchstäblichen Kampf festgestellt wird, wäre ein Unding, das ein so heller Geist wie Darwin nie hervorgebracht hätte. Zwar »kämpfen« in der Tat viele Artgenossen im buchstäblichen Sinn miteinander, aber diese Kämpfe machen nicht das ganze Wesen des Wettbewerbs ums Dasein aus. So hat man sicher nie Austern oder Seesterne miteinander »kämpfen« sehen, ganz zu schweigen von Pflanzen, die natürlich genauso dem Wettbewerb ums Dasein ausgesetzt sind, diesen aber, aus verständlichen Gründen, nicht im Kampf austragen können.

Darwins »Kampf der Natur« hat also primär damit zu tun, daß jedes Lebewesen auf seine Weise den natürlichen Wettbewerb bestehen muß. Der Zweck heiligt dabei, wie wir noch sehen werden, alle Mittel. Um zu überleben, muß ein Lebewesen seine Artgenossen allerdings keineswegs erschlagen oder zu Tode beißen. Nicht nur, daß viele Lebewesen dazu gar nicht imstande sind, weil sie über keinerlei »Tötungsorgane« verfügen. Manchmal ist die Entwicklung von effektiven Fluchtstrategien ohnehin günstiger. Daher kann das »Überleben der Tauglichsten« durchaus auch ein »Überleben der Feiglinge« bedeuten. Schließlich stirbt kein Tier den Heldentod – ein derartiger Blödsinn bleibt dem Menschen vorbehalten. Zwar ist es in der Tierwelt keine Seltenheit, daß eine Mutter ihr Leben für ihre Jungen riskiert, aber sie tut das, um, einem tiefsitzenden Trieb gemäß, ihre Jungen (und damit ihre eigenen Gene) durchzubringen. Mitunter hört man auch von Hunden, die ihr Leben für ihre Besitzer oder Besitzerinnen riskieren. Hunde betrachten sich als Teil eines Rudels (altes Wolfserbe!) und sehen in Herrchen oder Frauchen quasi einen Artgenossen, den es zu schützen gilt. Ideologisch motivierte Terrorkommandos wird man im Tierreich allerdings vergeblich suchen.

Wichtig ist auch, sich im Sinn von Darwin zu vergegenwärtigen, daß sich der Wettbewerb ums Dasein, der Selektionstheorie gemäß, innerhalb einer Art abspielt. Der Artgenosse ist immer der stärkste Konkurrent, weil er die gleichen Bedürfnisse hat. Er will sich an der gleichen Futterquelle gütlich tun, er konkurriert mit seinesgleichen aber auch um Geschlechtspartner. Elefanten und Geparde, um nur ein Beispiel zu nennen, sind keine Konkurrenten, obwohl sie im gleichen Lebensraum vorkommen. Sie haben ganz verschiedene Freßgewohnheiten und können nicht um Nahrung streiten. Und noch nie hat ein Gepard versucht, sich mit einem Elefanten zu paaren, oder umgekehrt. Allenfalls gehen sie sich aus dem Weg, wobei es naturgemäß eher der Gepard ist, der einem Elefanten das Feld überläßt.

Freilich gefährden die Angehörigen einer Art auch die anderer Arten. Beim Menschen ist das besonders offenkundig; unter seiner Vorherrschaft haben schon unzählige andere Arten ihren Lebensraum, ihre Existenzgrundlage verloren und sind ausgestorben. Darüber hinaus hat der Mensch zahlreiche Arten systematisch verfolgt und ausgerottet. Aber auch andere Arten richten immer wieder große Schäden in ihrer Umwelt an. Aus verschiedenen Berichten geht hervor, daß beispielsweise Elefanten große Vegetationsschäden verursachen, und Thomas May diskutierte den Einfluß großer Pflanzenfresser auf die Waldvegetation in Mitteleuropa in prähistorischer Zeit. Ein besonders gutes Beispiel liefern diverse Parasiten und Krankheitserreger, die anderen Arten oft dramatisch zusetzen. Neben der innerartlichen Konkurrenz im Sinn der Selektionstheorie Darwins müssen wir also so etwas wie einen Verdrängungswettbewerb zwischen den Arten annehmen. Artgenossen konkurrieren um Nahrung, und diese besteht gewöhnlich aus Angehörigen anderer Arten von Tieren oder Pflanzen. Der Hunger verursacht den Tod anderen Lebens. Das Töten ist somit – ob wir uns damit abfinden wollen oder nicht – ein elementarer Wesenszug der Natur.

Überleben ist alles

Es ist für einen wohlgenährten Menschen in unserer Zivilisation verhältnismäßig einfach, das Töten von Tieren abzulehnen und Vegetarier zu werden. Aus der Sicht der Hungernden in der Dritten Welt sieht die Sache schon anders aus. Und falls etwa ein Wolf verstehen könnte, wie wir ihn einschätzen, daß ihn nach wie vor die meisten Menschen für eine blutrünstige Bestie halten und er deshalb von uns über viele Jahrhunderte gejagt wurde, dann wäre er wahrscheinlich entsetzt. Was tut er denn schon? Er stillt nur seinen Hunger, um am Leben zu bleiben. Weder er noch irgendein anderes Raubtier könnten verstehen, daß sie etwas »Schlimmes« tun. Es widerstrebt uns zu sehen, wie unsere Katze einem harmlosen Singvogel auflauert und diesen tötet. Da sie zwar genug zu fressen hat – schließlich finden sich in jedem Supermarkt einige Regale mit Katzenfutter –, verzehrt sie den Vogel zwar meist gar nicht (sie leidet ja keinen Hunger), aber den »natürlichen Tötungsinstinkt« können wir ihr nicht austreiben.

Wir übersehen allerdings häufig, daß auch die Pflanzenfresser anderes Leben töten. Da uns Gras und Blätter nicht so berühren wie Singvögel, denken wir gar nicht daran, daß Giraffen, Elefanten, Antilopen oder Rehe ebenfalls andere Lebewesen töten oder beschädigen. Wir haben einer einfachen Tatsache ins Auge zu blicken: »Überleben ist alles.« Jedes Lebewesen frißt irgend etwas, um sich am Leben zu erhalten.

Nun bedarf der Ausdruck »Überleben«, der in unserer Alltagssprache sehr salopp verwendet wird, einer etwas genaueren Analyse. Wir wissen – auch das ist eine einfache Tatsache –, daß jedes individuelle Lebewesen sterblich ist. Das Individuum mag, wie beim rezenten *Homo sapiens*, sieben bis acht Jahrzehnte oder etwas länger am Leben bleiben, sein Tod ist aber letztlich unvermeidlich. Auch die Methusalems in der Tierwelt, vor allem einige Arten von Schildkröten, sind ja nicht unsterblich. Der individuelle Tod ist früher oder später unausweichlich. Kein Individuum kann also im engeren Sinn des Wortes *überleben*. Es überlebt allenfalls einzelne Gefahren oder Krisen, aber irgendwann stirbt es. Im Sinn der Theorie Darwins – *survival of the fittest* – ist unter »Überleben« allerdings nicht der endlose Fortbestand von Individuen zu verstehen. Vielmehr geht es um das *genetische Überleben*. Das Individuum überdauert indirekt länger, indem es Nachkommen in die Welt setzt, die ihrerseits Kinder haben, die wiederum Kinder zeugen usw.

In Anlehnung an Richard Dawkins können wir uns in diesem Zusammenhang folgendes vergegenwärtigen: *Jeder* Mensch, der heute existiert, existiert nur deshalb, weil *jeder* seiner Vorfahren, weit zurück über Tausende Generationen – ja, letztlich bis zu den ersten Lebewesen auf der Erde vor über drei Jahrmilliarden – sein Fortpflanzungsalter erreichte und erfolgreich Nachkommen produzierte. Das bedeutet, daß alle unsere Vorfahren über eine gewisse Robustizität verfügten und in der Lage waren, über einen bestimmten (begrenzten) Zeitraum Ressourcen zu sichern und einen Geschlechtspartner zu finden. Die »Linie der Robusten« kann selbstverständlich an jedem beliebigen Punkt abbrechen. Wäre aber beispielsweise die zu mir führende Linie vor fünfzig, hundert, tausend oder zwei Millionen Jahren abgebrochen, dann wäre ich heute nicht hier und könnte dieses Buch nicht schreiben.

Solche Überlegungen relativieren unsere eigene Existenz, und wir erkennen, welch ungeheures Glück wir hatten, daß wir überhaupt existieren. Jene Individuen des prähistorischen Menschen, z.B. die der (unserer Art stammesgeschichtlich vorausgehenden) Spezies *Homo erectus,* die vor ihrer Fortpflanzungsreife verhungerten, von einem Raubtier gefressen, einem Artgenossen erschlagen wurden oder in einen Abgrund fielen und dort zugrunde gingen, hinterließen eben keine Nachkommen. Wer weiß, welche Möglichkeiten durch jeden einzelnen frühen Tod eines Individuums der Evolution versagt bleiben? Wer weiß, welch großartiger Menschen wir dadurch beraubt wurden, daß in den beiden Weltkriegen in unserem Jahrhundert Millionen junger Männer grausam ums Leben kamen, bevor sie Nachkommen in die Welt setzen konnten?

Überleben ist alles – jedes Individuum hat ein ausgesprochenes Interesse daran, so lange wie möglich am Leben zu bleiben und die eigenen Gene weiterzugeben. Dieses »Interesse« ist den Lebewesen, abgesehen vom Menschen, nicht bewußt. Aber es ist die elementare Triebkraft des Lebens. Wohl kommt aus diesem Grund der Selbstmord – besser: *Suizid* – in der Tierwelt praktisch überhaupt nicht und beim Menschen sehr selten vor. (Jeder einzelne Fall, beim Menschen, ist freilich tragisch genug.) Der Suizid ist biologisch gesehen sozusagen kontraproduktiv. Daher wird ein hungerndes Lebewesen alles tun, um etwas Eßbares zu finden; kein Lebewesen ergibt sich leicht dem Schicksal des Verhungerns. Und jedes Lebewesen versucht etwaige Angreifer loszuwerden oder davonzulaufen, solang die Kräfte reichen. Selbst Pflanzen, die naturgemäß nicht laufen können, haben gegen die Unbilde des Lebens ihre Verteidigungsstrategien entwickelt. Bäume sind in der Regel robust genug, um etwa von Spechten in ihnen errichtete Bruthöhlen problemlos zu verkraften, und manche Gräser, die von einem Huftier niedergetrampelt wurden, richten sich wieder auf. Einmal abgesehen von den fleischfressenden oder tierfangenden Pflanzen, spielt sich der »Kampf der Natur« in der Pflanzenwelt, anders als in der Tierwelt, eher passiv ab. Aber Darwins Formel vom Überleben des Tauglichsten trifft auf die Pflanzen ebenfalls zu. Den Wettbewerb ums Dasein überstehen diejenigen, die geeignete Schutzvorrichtungen gegen Austrocknung oder Kälte, Wind oder Regen entwickelt haben.

Das bringt uns zu der Tatsache, daß sich Lebewesen nicht nur vor anderen Lebewesen schützen müssen, sondern auch vor einer ganzen Reihe abiotischer Gefahren, wobei das Wetter eine große Rolle spielt. Starke Regenfälle, Dürreperioden, extreme Hitze oder Kälte, Erdbeben, Vulkanausbrüche und gelegentlich sogar Einschläge von Asteroiden setzen vielen Lebewesen mächtig zu; viele überleben die Schwankungen ihrer Umwelt und die jeweiligen Katastrophen nicht. Im Grunde genommen ist jedes Individuum jeder beliebigen Spezies gleich bei seiner Geburt mit einer lebensfeindlichen Welt konfrontiert, und die Wahrscheinlichkeit, daß es früh hinweggerafft wird, ist sehr groß. Neben den »ganz gewöhnlichen« Gefahren des Alltags, Konkurrenten aus den Reihen der eigenen Spezies und beutesuchenden Individuen anderer Arten hält die Natur für die Lebewesen auch mehr oder weniger periodisch wiederkehrende Katastrophen bereit. Ein Beispiel ist das gerade in letzter Zeit so aktuelle Phänomen des *El Niño*, wie es von Wolf Arntz und Eberhard Fahrbach ausführlich beschrieben wurde. Dabei handelt es sich um eine im Abstand weniger Jahre auftretende Schwankung des pazifischen Klimasystems mit globalen Auswirkungen. Eine Erwärmung von Meeren, Platzregen, Überschwemmungen, Erdrutsche oder extreme Hitze und Dürre sind die Folge. Für die Lebewesen, einschließlich des Menschen, sind die Konsequenzen verheerend (Abb. 4). Auf weitere Katastrophen kommen wir in Kapitel 5 noch zurück.

Abbildung 4: Dürre in Indonesien
(Foto: dpa/Frankfurt)

Solchen zerstörerischen Kräften vermögen die Lebewesen in nur begrenztem Maße zu trotzen. Die Erzeugung von Nachkommen ist daher oft pure Verschwendung. Aber dem Leben wohnt der unzerstörbare Drang inne, sich selbst zu erhalten.

Die Not der Tauglichsten

Wenn sich einzelne Arten relativ gut in ihrer Umgebung durchsetzen, dann verdanken sie das der genetischen Vielfalt ihrer Individuen. Lassen wir dazu wieder Darwin zu Wort kommen:

> Was ... auch die Ursache des ersten kleinen Unterschiedes zwischen Eltern und Nachkommen sein mag, und eine Ursache muss für einen jeden da sein, so haben wir zu der Annahme Ursache, dass es doch nur die stete Häufung der für das Individuum nützlichen Verschiedenheiten ist, welche alle jene bedeutungsvolleren Abänderungen der Structur einer jeden Art in Bezug zu deren Lebensweise hervorgebracht hat (1859 [1988, S. 188]).

Hinter dieser etwas umständlichen Formulierung verbirgt sich die fundamentale Tatsache, daß sich Lebewesen von ihren jeweiligen Eltern stets ein wenig unterscheiden und daß so eine genetische Vielfalt entsteht, die der betreffenden Art nützlich ist. Im Prozeß der sexuellen Fortpflanzung werden die elterlichen genetischen Potenzen nicht einfach addiert, sondern neu durchmischt. Dieser als *genetische Rekombination* bezeichnete Vorgang liefert die geradezu verschwenderische Vielfalt von Individuen innerhalb einer Art.

Wären alle Individuen einer Art (genetisch) gleich, würden sie von ihren Eltern sozusagen keinen Millimeter abweichen, dann wäre Evolution durch natürliche Auslese nicht denkbar. Wohl gäbe es dann keinen Wettbewerb ums Dasein und kein Überleben des Tauglichsten, aber eben auch keine Evolution.

Was eigentlich unter *Tauglichkeit* oder *Fitness* zu verstehen ist, hat in der Evolutionsbiologie immer wieder zu Kontroversen geführt. Henry C. Byerly und Richard E. Michod diskutieren die unterschiedlichen Versionen des Tauglichkeits-Begriffs und ihre Bedeutung für evolutionäre Erklärungen von Phänomenen im Bereich des Lebenden. Mit vorliegendem Buch ist kein veritabler Beitrag zur Beseitigung dieser evolutionsbiologischen Kontroversen angestrebt. Ich verwende den Begriff des Tauglichsten in folgendem Sinn:

Innerhalb jeder Art gibt es Individuen mit unterschiedlichen Graden von Tauglichkeit. Das tauglichste Individuum ist jenes, das unter gegebenen Bedingungen die optimalen anatomischen und physiologischen Eigenschaften sowie Verhaltensmerkmale aufweist, *optimal* im Hinblick auf die Sicherung von Ressourcen und in der Folge die Aufzucht eigener Nachkommen. Tauglichkeit ist also nicht auf Fortpflanzungserfolg reduziert, aber sehr wohl ist dieser ihre sichtbare Manifestation.

Sicher kann es ein Lebewesen mit deformierten Geschlechtsorganen geben, das jedoch über optimale Strategien der Ressourcensicherung verfügt, aufgrund seiner Körpergröße die mit ihm um Nahrung konkurrierenden Artgenossen stets in die Flucht schlägt und sich gleichzeitig vor gefährlichen Individuen anderer Arten, die ihm nach dem Leben trachten, gut zu schützen versteht. Dieses Lebewesen wird sich zwar nicht fortpflanzen, wird aber selbst relativ lang am Leben bleiben. Andererseits kann sich ein Lebewesen effektiv fortpflanzen, ohne langfristig »fit« zu bleiben. Alles hängt also letztlich davon ab, wie man es schafft, innerhalb der arteigenen »Lebensgrenzen« möglichst lang zu leben, und ich würde die Definition des Tauglichsten daher auch stets mit diesem Kriterium verbinden. Berichte von Kriegsteilnehmern sind dabei durchaus aufschlußreich. Hoimar von Ditfurth berichtet in seiner bemerkenswerten Autobiographie über jene schrecklichen Jahre des Dritten Reiches und des Zweiten Weltkriegs und beschreibt, worauf es (im Sinne des eigenen Überlebens) bei einem Soldaten ankam: »Eine Ecke zu finden, in der man unbehelligt ein paar Stunden pennen konnte, sich ›unsichtbar‹ zu machen, wenn lästige Arbeiten anstanden, dafür aber rechtzeitig zur Stelle zu sein, wenn Post, Zigaretten oder Brot ausgegeben wurden« (1991, S. 139 f.).

Derartige »Verhaltensregeln« gelten im übertragenen Sinn für alle Lebewesen. Gefragt ist die Fähigkeit, unter verschiedenen Lebensbedingungen die eigene Haut zu retten. Worin liegt dann aber die »*Not* des Tauglichsten«?

Das Problem ist, daß sich die Lebensbedingungen fortwährend ändern. Für jedes Lebewesen wäre es sehr günstig, in einer stabilen Umwelt leben zu können. Nun bleiben zwar vielen Lebewesen Katastrophenphänomene wie der El Niño erspart, aber selbst einigermaßen konstante (Umwelt-)Bedingungen sorgen doch ständig für Unruhe. Das Individuum, das sich unter allen anderen Artgenossen in einer bestimmten Umgebung als das tauglichste erweist, kann nicht damit rechnen, daß seine Tauglichkeit *alle* Proben des Lebens überstehen wird. So wie im Wilden Westen jeder Revolverheld darauf gefaßt sein mußte, daß ihn andere herausfordern werden und er letzten Endes einmal unterliegen wird, so bleibt es auch dem tauglichsten Buntspecht, dem tauglichsten Wolf oder dem tauglichsten Baummarder nicht erspart, gleichsam zusehen zu müssen, wie da ein noch tauglicherer Artgenosse kommt, oft genug einer aus seiner eigenen Nachkommenschaft.

Darwin glaubte, daß die natürliche Auslese »durch und für das Gute« eines jeden Lebewesens wirkt und die schrittweise Verbesserung der Art durch die Auslese der Tauglichsten einen evolutiven Fortschritt bewirkt. Ähnlich wie Stephen J. Gould vertrete ich die Auffassung, daß »Fortschritt« in der Evolution eine Illusion ist. In meinem Buch *Naturkatastrophe Mensch* habe ich dargelegt, wie Evolution *ohne* Fortschritt gedacht werden muß. Natürlich ist es sehr verlockend zu glauben, daß sich die Tauglichkeit innerhalb einer Spezies ständig steigert und die Spezies schlußendlich auf dem Gipfel ihrer tauglichsten Individuen sozusagen zum Ausruhen eingeladen wird. Aber ein »Ausruhen« gibt es in der Evolution nicht. Daher ist das jeweils tauglichste Individuum seiner Art stets auch nur vorübergehend das tauglichste. Die Situation kann sich jederzeit ändern. Der »Fitteste« kann seine Stellung immer nur für eine bestimmte Zeit halten, veränderte Umweltbedingungen können dazu führen, daß Lebewesen mit ganz anderen, besseren »Einrichtungen« seine Position untergraben.

Anders gesagt: Im Leben gibt es keine Patentrezepte. Die Vorteile von heute sind vielleicht die Nachteile von morgen. Wir kennen das aus unserem eigenen Leben. Bestimmte Fertigkeiten, die ein Mensch entwickelt hat, können ihm enorme Vorteile bringen, unter veränderten Bedingungen aber nutzlos sein. Wenn wir gesagt haben »Überleben ist alles«, dann bedeutet das in diesem Zusammenhang auch, daß es nur darauf ankommt, Strategien zu entwickeln, die im Moment optimal sind. Von einem Lebewesen, das *alle* Situationen bewältigen kann, müßte man erwarten, daß es seine Strategien fortwährend zu ändern in der Lage ist. Das aber ist kaum möglich. Wohl ist ein Igel, der sein Stachelkleid schneller und effektiver gegenüber Feinden einzusetzen vermag als alle anderen seiner Artgenossen, besonders tauglich, ja der Tauglichste seiner Art. Doch das beste Stachelkleid hilft ihm nicht, wenn er sich vor Autos verteidigen soll. Da ist er genauso wehrlos wie alle anderen seiner Artgenossen, und er wäre diesen gegenüber nur dann wirklich im Vorteil, wenn er beispielsweise Autos von Hunden oder Füchsen schnell unterscheiden könnte, um vor einem Auto auch blitzschnell davonzulaufen. Das aber gehört nicht zum »evolutiven Programm« der Igel. Mit anderen Worten, jede Spezies verfügt zwar über eine bestimmte Bandbreite von Fähigkeiten – innerhalb derer sich manche Individuen gegenüber ihren Artgenossen als besser, tauglicher erweisen –, die aber sozusagen nicht beliebig dehnbar ist. Der Konstruktionsplan der Igel erlaubt ebensowenig besonders schnelle Läufer, wie der Konstruktionsplan der Hasen die Entwicklung eines Stachelkleids ermöglicht.

Solche Begrenzungen machen einmal mehr deutlich, daß Tauglichkeit etwas Relatives ist und daß der Tauglichste eben immer wieder in Nöte gerät. Es kommt somit bloß darauf an, aus dem, was man hat, aus den Fähigkeiten, über die man verfügt, unter den jeweils gegebenen Umständen das Beste zu machen.

An dieser Stelle ist vielleicht eine kleine Zwischenbemerkung angebracht. Die Theorie Darwins wurde in den letzten Jahren und Jahrzehnten immer wieder kritisch hinterfragt, und über viele Teilprobleme der Evolution gehen heute nach wie vor die Meinungen auseinander. In meinem Buch *Evolutionstheorien* habe ich die Kontroversen, die sich unter anderem um die Wirkungsweise der Selektion drehen, ausführlich dargestellt. Wenn ich hier auf diese Kontroversen keinen Bezug nehme, dann nicht, weil ich sie inzwischen für unbedeutend halte oder übersehen habe, daß Darwins Theorie in mancher Hinsicht einer Korrektur oder Erweiterung bedarf. Da aber Darwins (Selektions-)Theorie heute von fast allen ernstzunehmenden Evolutionstheoretikern als *im Prinzip richtig* angesehen wird und verschiedene der bestehenden Teilprobleme für das Anliegen des vorliegenden Buches keine große Rolle spielen, gehe ich hier auf diese Probleme auch nicht näher ein. Allerdings wird uns in Kapitel 5 noch die Frage beschäftigen, inwieweit sich Evolution – wie Darwin dachte – *gradualistisch*, in unzähligen kleinen Schritten, abspielt und inwieweit wir mit »Unterbrechungen« des Evolutionsverlaufs rechnen müssen.

Der Untergang der Arten

Darwins Theorie war (und ist) gefährlich. Besser müßte man freilich sagen: Sie wurde (und wird) von vielen Menschen als gefährlich empfunden. Einer der Gründe dafür ist, daß diese Theorie den Menschen ebenso »erfaßt« wie alle anderen Organismenarten. Zwar war Darwin selbst in seinem evolutionstheoretischen Hauptwerk von 1859 in bezug auf den Menschen äußerst zurückhaltend, aber seine Zeitgenossen waren hellsichtig genug zu begreifen, worauf die Theorie letztlich hinausläuft. Später hat Darwin sehr wohl auch der Evolution des Menschen wichtige Arbeiten gewidmet. Aber es hatte genügt, daß er den »unbarmherzigen« Mechanismus der Selektion als grundlegende Kraft der Natur einführte, um viele Menschen zu irritieren und zu erschrecken. In seinem Zeitalter, das geprägt war von einem Glauben an die Technik und, damit verbunden, die Allmacht des Menschen, war es schockierend zu erfahren, welche »Macht« von der Natur ausgeht. Etwas überspitzt formuliert: Der Glaube an den »technischen Fortschritt« wurde von der Angst übertüncht, daß der Mensch an der unberechenbaren Natur letztlich zugrunde gehen wird (Abb. 5).

Die Naturromantik, die ein Jahrhundert vor Darwin von so vielen Seelen Besitz ergriffen hatte, fand in der Selektionstheorie keinen Platz. Da nützte es auch nicht sonderlich viel, wenn der Autor der *Entstehung der Arten* zum Schluß meinte, es sei »wahrlich eine grossartige Ansicht, dass der Schöpfer den Keim alles Lebens, das uns umgibt, nur wenigen oder nur einer einzigen Form eingehaucht hat« (Darwin 1859 [1988, S. 565]). Denn »der Schöpfer« war zur bloßen Metapher geworden, und die Fülle der Organismen, die heute die Erde bevölkert, hat sich, der Evolutionstheorie zufolge, durch natürliche Faktoren aus jenem »Keim« entwickelt. Nimmt man Darwins Ideenwelt also wirklich ernst, dann ist auch die jüngst vom Philosophen Michael

Ruse gestellte Frage, ob Darwinismus und Atheismus nur zwei Seiten einer Medaille sind, eher als Scheinfrage zu verstehen. Gewiß fanden und finden sich unter den Anhängern Darwins und unter Evolutionstheoretikern im allgemeinen auch religiöse Menschen (siehe S. 25), aber wirklich zu Ende gedacht läßt die Evolutions- bzw. Selektionstheorie keinem wie auch immer gearteten Glaubenssystem viel Spielraum. Eine Theorie, die »Leiden und Sterben als Faktoren der Evolution« (H. Mohr) enthält, ist nur mit jenem – meines Erachtens, ich sage es deutlich, perversen – Gottesbild vereinbar, das uns ein zürnendes »höheres Wesen« vorstellt, welches offenbar seine Freude daran hat, seine Geschöpfe in unbeschreibliches Leid zu stürzen. Nein, wollen wir dieses Leid, das alltägliche Hungern und Sterben in der Natur verstehen, dann brauchen wir keinen Gott zu strapazieren – die natürliche Auslese ist dabei völlig ausreichend. Diese Einsicht unterstreicht einmal mehr die geistigen Gefahren, die von der Theorie Darwins ausgehen.

So wie nun jedes Individuum sterblich ist und die Härten des Wettbewerbs ums Dasein oft nur kurz überlebt, so sind auch die *Arten* nicht für die Ewigkeit bestimmt. Ihr Aussterben kann allerdings vielfältige Ursachen haben. Interessante Einzelheiten dazu hat beispielsweise der Paläontologe Heinrich K. Erben in seinem Buch *Leben heißt Sterben* ausgebreitet. Erben hat darauf hingewiesen, daß viele, ja eigentlich die meisten heute existierenden Pflanzen- und Tierarten relativ jung und erst vor etwa zwei oder zweieinhalb Jahrmillionen entstanden sind. Der größere

Abbildung 5: Edwin Henry Landseer,
  Man proposes, God disposes (Gemälde 1864)

»Rest« der Arten, die unseren Planeten je bevölkert haben, ist ausgestorben und inzwischen – allerdings nur teilweise – durch *Fossilien* dokumentiert. In den fünfziger Jahren hat sich George G. Simpson in seinem Buch *The Major Features of Evolution* (also etwa »Die Hauptzüge der Evolution«), ebenfalls aus paläontologischer Sicht und gestützt auf zahlreiche Daten, Gedanken über die »Lebensdauer« von Arten gemacht. Diese ist sehr unterschiedlich. *Triops cancriformis*, eine heute lebende Krebstierart, weist ein Alter von etwa hundertsiebzig Millionen Jahren auf. Das ist gewissermaßen ein Extremwert. Viele der heutigen Säugetierarten hingegen sind nicht älter als fünfzig- bis hunderttausend Jahre. Auch die Geschwindigkeit, mit der sich in der Evolution neue Arten herausbilden, ist daher sehr unterschiedlich.

Nun sind nicht alle Arten, die heute nicht mehr existieren, im engeren Sinn ausgestorben. In der Evolution kommt es zum einen immer wieder zur *Artumwandlung*, wobei im Laufe mehr oder weniger langer Zeiträume die Merkmale einer bestimmten Spezies so stark abgewandelt werden, daß diese in eine neue Spezies übergeht. Zum zweiten können sich Populationen einer Art durch geographische oder ökologische Faktoren voneinander entfernen und im Laufe der Zeit eigene Arten bilden *(Artaufspaltung)*. Dieser Vorgang führt dann zu einer Vermehrung der Artenzahl. Unzählige Arten aber verschwinden einfach, ohne »Nachkommen« zu hinterlassen. Sie sterben aus und sind bestenfalls noch fossil überliefert. Der Untergang von Arten ist jedenfalls ein die Evolution begleitendes Phänomen. Darwin meinte, daß nach der Theorie der natürlichen Auslese das Erlöschen alter und die Bildung neuer Arten eng miteinander verbunden sind. Das Aussterben von Arten dürfe uns nicht wundernehmen. Es nimmt uns auch nicht wunder, wenn wir uns vergegenwärtigen, daß es keinen Mechanismus in der Natur gibt, der auf die Erhaltung von Arten abzielen würde.

Freilich dürfen wir uns die Evolution nicht als einen Vorgang vorstellen, der *nur* zerstört. Das wäre ein in sich widersprüchlicher Vorgang. In der Evolution werden zum einen Individuen mit bestimmten Strategien, zum zweiten Arten mit bestimmten Eigenschaften sozusagen auch belohnt. Doch dem Tüchtigen gehört nicht die Welt; er hat über einen bestimmten Zeitraum unter spezifischen Lebensbedingungen Vorteile, die sich aber im Wandel der Zeiten unter veränderten Lebensbedingungen durchaus in Nachteile verwandeln.

Damit ist Evolution ein ständiges Kommen und Gehen, ein Werden und Vergehen, ein Prozeß, in dessen Verlauf stets Neues geschaffen und Altes zerstört wird. Wir haben keinen Grund, »hinter« der Evolution irgendwelche Absichten und Ziele zu vermuten. Auch das Auftreten des Menschen ist nur das Ergebnis dieses ständigen Wechselspiels von Leben und Tod. Auf das zerstörerische Verhalten der Organismen, einschließlich des Menschen, und den katastrophalen Verlauf der Evolution insgesamt werden wir daher in weiteren Kapiteln dieses Buches noch näher eingehen.

Der Genetiker und Evolutionstheoretiker Francisco J. Ayala hat das Wesen der Evolution einmal folgendermaßen charakterisiert: Evolution geschieht durch allmähliche Zunahme von genetischen Varianten (Individuen), die sich mit höherer Wahrscheinlichkeit fortpflanzen können als die Träger alternativer genetischer Konstitutionen. Anders gesagt: Die bereits erwähnte genetische Rekombination schafft eine enorme Vielfalt an Variation und damit unterschiedliche Überlebens- bzw. Fortpflanzungschancen, womit, gleichsam in einem Balanceakt durch die jeweilige Umwelt, manche Lebewesen besser bestehen als andere. Das gilt in gewissem Sinn auch für Arten. Manche Arten überdauern etwa länger anhaltende Trockenperioden besser als andere und haben daher größere Chancen, länger »am Leben« zu bleiben. Aber auch der Erfolg der Arten hängt von der (genetischen) Variationsbreite ihrer Individuen ab. Spezies mit relativ wenig Variation sind in der Regel auch weniger robust als andere, die auf einen größeren Pool genetischer Variation »zurückgreifen« können. Allerdings gibt es für keine Art – mit noch so großer individueller Variation – so etwas wie eine Dauerlösung. Daher gehört der konstante Untergang von Arten zum Wesen der Evolution.

Der Mensch sieht sich dabei gern als Ausnahme. Daß er das nicht ist, wußte schon Darwin. Aber Darwin glaubte auch an die »Verbesserungsfähigkeit« unserer Spezies vor allem in moralischer Hinsicht. Nun ist das an dieser Stelle nicht mein Thema. Die Frage ist, ob auch *Homo sapiens* dem Untergang geweiht ist wie so viele Arten vor ihm. Es ist natürlich denkbar, daß er sich in der Zukunft in eine andere Art verwandeln wird. Ebenso ist es gut vorstellbar, daß er einfach verschwinden wird, aufgrund seiner eigenen Zerstörungswut oder aufgrund von Naturkatastrophen.

Daß wir als Individuen sterblich sind, wissen wir nur zu gut. Was aber gibt uns auch nur die geringste Berechtigung zu denken, daß wir gleichsam für die Ewigkeit geschaffen sind? Wie kamen wir denn überhaupt auf die Idee, daß wir uns gewissermaßen über die Natur erheben könnten? Wir kennen heute, trotz vieler noch bestehender Lücken im Detail, unsere Herkunft aus der Tierwelt und die Wege unserer Abstammungsgeschichte ganz gut. Zu den vielen neueren Büchern dazu gehört *Der Ursprung des Menschen* von Richard Leakey und Roger Lewin, ein gut lesbares und spannendes Buch, das auch Einblick gewährt in die Arbeit der Paläoanthropologen, also jener Leute, die in akribischer Arbeit Licht ins Dunkel unserer »Vorzeit« bringen. Den Autoren ist beizupflichten, daß die Kenntnis unserer eigenen Herkunft und Stammesgeschichte keinen Zweifel daran lassen kann, daß wir uns als Teil der Natur begreifen müssen und uns nicht von ihr getrennt sehen dürfen. Ebenso ist ihnen zuzustimmen, daß die Welt ohne uns weitergehen wird, wenn wir aussterben. Tatsächlich wäre *Homo sapiens* nur eine unter vielen Millionen Arten, die bereits ausgestorben sind. Er wäre unter bestimmten Umständen allerdings jene Spezies, die am meisten für das eigene Aussterben getan hat.

Nun ist man vielleicht geneigt zu fragen, warum in der Evolution überhaupt Arten aussterben müssen, wo doch, wie gesagt wurde, auch Artumwandlung und Artaufspaltung vorkommen. Warum kann sich also Evolution nicht immer als langsamer Vorgang des Übergangs von einer Art in eine andere abspielen? Damit gäbe es praktisch kein Aussterben, und wir hätten eine viel angenehmere Natur, die manche unserer Erwartungen erfüllen würde. Nun, abgesehen davon, daß in der Natur nichts und niemand unseren Erwartungen entsprechen muß, bleibt zu berücksichtigen, daß in Anbetracht von Naturkatastrophen viele Arten überhaupt keine Chance haben, sich langsam umzuwandeln, sondern von vornherein dem Untergang geweiht sind. Das gilt für den Fall aller Katastrophen, die in Kapitel 5 noch zu besprechen bleiben. Insbesondere heute, wo sich der Mensch auf andere Arten katastrophal auswirkt, besteht für unzählige Spezies überhaupt keine Möglichkeit, sich durch Umwandlung dem Untergang zu entziehen. Das Interessante aber ist, daß – und auch darauf wird noch zurückzukommen sein – die Evolution bisher nach jeder Katastrophe weiterging. Zerstörung gehört also zu ihren Wesenszügen.

Es stimmt, daß die Evolution, wie der südafrikanisch-englische Biologe Lyall Watson meint, keine Eierkuchen backen kann, ohne in der Organismenwelt Eier zu zerschlagen.

Bislang jedenfalls hat sich das Leben auf der Erde, in dieser oder jener Form, über drei Jahrmilliarden ganz gut gehalten. Dabei kam es aber weder auf einzelne Arten noch auf Individuen an. Und wir müssen akzeptieren, daß der Entstehung von Neuem in der Evolution Zerstörungen vorausgingen.

3. Der Egoismus in der Natur

Zuerst kommt das Fressen ...

Zu den Paradoxien, um nicht zu sagen Perversitäten, unserer heutigen Welt gehört der Umstand, daß einerseits täglich unzählige Menschen verhungern und sich andererseits ebenso unzählige Menschen krampfhaft bemühen, ihr Körpergewicht zu reduzieren, Diät zu halten, um nicht an Überfettung zugrunde zu gehen. Diese Situation ist bisher einmalig. Erst die moderne Industriegesellschaft hat es möglich gemacht, daß Menschen zu viel zu essen haben und nicht wissen, wie sie die verfügbaren Nahrungsressourcen vernünftig einsetzen sollen. Kein Bär, kein Wolf, keine Giraffe, kein Feldhase, keiner unserer prähistorischen Vorfahren stand je vor dem Problem, ein Überangebot an Nahrung zur Verfügung zu haben und sich beim Fressen zurückhalten zu müssen. Im Gegenteil, wie im letzten Kapitel deutlich wurde, vermehren sich in der Natur die (Nahrungs-)Ressourcen langsamer als die Organismen, so daß ein erbitterter Wettbewerb ums Dasein unvermeidlich ist. Diese grundlegende Beobachtung Darwins ist nicht zu erschüttern, doch ist der Mensch in der heutigen Industriegesellschaft kein *aneignendes,* sondern ein *produzierendes* Lebewesen. Nicht alle Sozietäten des *Homo sapiens* sind in dieser Situation – und dabei erfolgreich. Wie Jared Diamond in seinem Buch *Arm und Reich* darlegt, spielen klimatische und geographische Besonderheiten eine wichtige Rolle beim Erfolg von (menschlichen) Gesellschaften, wonach bestimmte Gesellschaften von vornherein als benachteiligt anzusehen sind.

Kein Zweifel aber kann daran bestehen, daß das primäre Bedürfnis des Menschen wie auch aller anderen Organismenarten darin liegt, genügend Nahrung zu gewinnen, auf welche Art und Weise auch immer. Der Tod durch Messer und Gabel, das frühzeitige Sterben aufgrund von Überfettung ist in der Evolution neu. Unmengen von Geld auszugeben für Schlankheits- bzw. Abmagerungskuren ist eine biologische Anomalie. Der Mensch hat offenbar auch in dieser Hinsicht weit übers Ziel geschossen, zumindest der in den übersättigten Gesellschaften westlicher Industrieländer lebende Mensch, der ein Überangebot an Nahrung vorfindet, die er natürlich nicht mehr selbst produziert, sondern die ihm im Supermarkt angeboten wird. Dabei sind viele Menschen auch noch wählerisch, essen dieses oder jenes nicht, wollen nur Produkte bestimmter Hersteller kaufen oder behaupten ganz strikt, nur vegetarische Kost sei gesund. Ein großer Teil der heute lebenden Menschen hat aber keine Optionen – und kaum eine andere Spezies lebt je wirklich in einem Schlaraffenland, sondern muß zusehen, wie sie mit den vorhandenen Ressourcen zurechtkommt.

Der Erwerb von Nahrung gehört zu den Grundproblemen des Lebens, die Sicherung von Nahrungsressourcen ist für jedes Lebewesen die erste und wichtigste Aufgabe. Schließlich hängt der Fortpflanzungserfolg davon ab.

Damit sind wir bei der *Soziobiologie*, einer Disziplin, die in den letzten Jahren und Jahrzehnten für viele Kontroversen gesorgt hat. Umfassende Darstellungen bieten einige im Literaturverzeichnis angeführte Bücher (E. Voland, E. O. Wilson und F. M. Wuketits). Die Soziobiologie versucht, wie der Name sagt, das Sozialverhalten der Lebewesen auf biologischer Grundlage zu erklären. Eine ihrer Prämissen ist, daß sich die Natur – besser gesagt: einzelne Lebewesen – egoistisch verhalten. »Egoismus« ist ein Begriff aus der Philosophie bzw. aus den Sozialwissenschaften und daher auf den Menschen bezogen. Wie sollen sich andere Lebewesen »egoistisch« verhalten? Das ist nur eine Frage von Begriffen und Definitionen. Man kann sich darauf einigen, daß sich ein Lebewesen genau dann egoistisch verhält, wenn es seine eigenen Überlebensvorteile und seine eigene Fitness auf Kosten anderer Lebewesen erhöht. So gesehen verhält sich *jedes* Lebewesen egoistisch. Denn tatsächlich kommt für ein Lebewesen an erster Stelle die Sicherung seiner Ressourcen, seiner Nahrung. Das trifft auch für den Menschen zu. Unabhängig davon, wie leicht oder wie schwer wir Nahrung erwerben – sie ist das Wichtigste in unserem Leben.

Die Soziobiologie ist eine direkte Fortsetzung der Gedankenwelt Darwins. Soziobiologen gehen von der Allgegenwart des natürlichen Wettbewerbs aus und sehen, daß in der Natur überall – unvermeidlicherweise – *Konflikte* auftreten, und zwar genau zwischen Angehörigen derselben Art. Gründe für die Konflikte zwischen Artgenossen wurden im letzten Kapitel bereits erwähnt. Jedem, der auch nur oberflächlich eine Gruppe irgendwelcher Tiere beobachtet, die an einer Nahrungsquelle versammelt sind, muß auffallen, daß es dabei ständig zu »Reibereien« kommt, daß ein Tier ein anderes zu vertreiben, ihm ein Stück Nahrung wegzunehmen versucht usw. Schweine am Futtertrog sind nur so lange friedlich zueinander, solange für alle wirklich ausreichend Futter da ist. Und was für Schweine gilt, gilt auch für alle anderen Lebewesen einschließlich des Menschen.

Konkurrenz, Konkurrenz um Raum und Nahrung, ist eine unübersehbare Triebkraft im Verhalten der Lebewesen. Wäre eine Natur ohne Wettbewerb, ohne Konkurrenz überhaupt denkbar? Machen wir dazu ein kleines Gedankenexperiment.

Nehmen wir an, in einem Areal von eintausend Quadratkilometern leben zweitausend Individuen einer pflanzenfressenden Tierart, die wir »Krautfreund« nennen wollen. Wir nehmen ferner an, daß das Areal üppig mit Pflanzen bedeckt ist, vor allem mit jener Krautsorte, die die Krautfreunde besonders gern fressen. Schließlich setzen wir das Fehlen konkurrierender Spezies voraus, so daß die Krautfreunde immer ungestört und gefahrlos fressen können. Das perfekte Szenario für eine friedliche Natur: Da die Krautfreunde – in unserer Annahme – relativ kleine, etwa hamstergroße Tiere sind und im Durchschnitt nur zwei von ihnen auf einem Quadratkilometer leben, haben sie optimale Bewegungsfreiheit und kennen keinerlei Belästigung durch Artgenossen. Der Haken ist nur der, daß sich die Krautfreunde auch fortpflanzen wollen. Da ihren Reproduktionsgeschäften nichts im Wege steht, werden sie diesen Geschäften auch recht eifrig nachgehen. Sehr bald schon wird es auf ihrem Areal bereits, sagen wir, viertausend Individuen geben. Ab einer bestimmten Individuenzahl wird sich die Situation der Krautfreunde dramatisch ändern. Mit steigender Individuenzahl wird sich auch der Nahrungsbedarf erhöhen, und natürlich können sich die Pflanzen nicht den Krautfreunden zuliebe immer schneller vermehren. Was also wird geschehen? Es wird sehr bald zu einer Wettbewerbssituation kommen, und auch wenn den Krautfreunden aggressives Verhalten unbekannt ist, werden viele von ihnen auf der Strecke bleiben. (Darwins Konzept vom Wettbewerb ums Dasein bedeutet ja, wie schon gesagt wurde, keineswegs immer einen blutigen Kampf.) Die einzige Lösung für die Krautfreunde wäre weitgehende »Keuschheit«. Doch da wir gerade von Hamstern und anderen Nagetieren, mit denen unsere Krautfreunde verwandt sind, wissen, daß sie relativ viele Nachkommen hervorbringen, dürfen wir mit einer Selbstbeschränkung in puncto Reproduktion nicht ernsthaft rechnen. Und schon ist das schöne Szenario einer friedlichen Natur, in der niemand leiden und hungern muß, in der niemand verdrängt wird, wieder zerstört.

Egoismus, egoistisches Verhalten ist bei uns negativ besetzt. Aber wir wissen, daß Selbstlosigkeit – auch bei uns Menschen – selten ist und jeder sehen muß, wo er bleibt. Das Hemd ist uns näher als der Rock, und selbst wenn wir für andere Menschen (oder gar Tiere) etwas Gutes tun wollen, dann können wir das ja auch nur, wenn wir selbst die elementaren Bedürfnisse befriedigt haben. Ein Verhungernder kann niemandem eine große Hilfe sein. Wir sollten uns daher nicht wundern, wenn in der Natur, in der niemand über »gut« und »böse« nachdenkt, ein erbarmungsloser Egoismus herrscht, wenn jedes Lebewesen zuallererst auf sich selbst bedacht ist und sich stets bemüht, als erstes an eine Futterquelle zu gelangen und diese entsprechend zu nutzen.

Diesem Umstand steht aber eine andere, eigentlich merkwürdige Tatsache gegenüber: Bei vielen in Gruppen lebenden Tieren kommt es zu *kooperativem* Verhalten und sogar zu *Altruismus*. Darunter kann allgemein jedes Verhalten eines Lebewesens verstanden werden, das auf Kosten eigener Fitness einem oder mehreren anderen Individuen Vorteile bringt. In der Soziobiologie spielt vor allem der *reziproke Altruismus* eine wichtige Rolle, also das Prinzip der Gegenseitigkeit, etwa nach dem Motto »Wie du mir, so ich dir«. Ist unsere Vorstellung von einer egoistischen Natur am Ende doch falsch? Sicher nicht, denn letztlich dienen auch Kooperation und Altruismus dem Überleben des Individuums, das sie praktiziert. Es ist ein Gemeinplatz, daß das Leben in einer Gruppe bestimmte Vorteile bringt. Das Individuum findet in der Gruppe besseren Schutz, und kollektives Jagen erhöht die Wahrscheinlichkeit, daß tatsächlich etwas Freßbares gefunden wird usw. Es ist kein Zufall, daß Gruppenbildung bei sehr vielen Tierarten in verschiedenen Formen auftritt (von den Insektenstaaten über Vogelkolonien bis zu Säugetierherden), sie ist sozusagen eine evolutionsstabile Strategie. Allerdings verlangt das Leben in einer Gruppe auch einen gewissen Einsatz für andere. Dazu ein Beispiel, welches zugleich zeigt, wie eng in der

Natur Egoismus und Altruismus (oder zumindest kooperatives Verhalten) beisammen liegen.

Bei vielen in Gruppen lebenden Tierarten gibt es Individuen, die ihre Gruppengenossen vor einem herannahenden Feind warnen. Solche Warner gibt es beispielsweise bei Murmeltieren. Ein Tier begibt sich also in eine etwas exponierte Situation und rettet durch rechtzeitig ausgestoßene Warnrufe andere Angehörige seiner Gruppe etwa vor einem Greifvogel. Der Warner verhält sich also, könnte man meinen, selbstlos. Durchaus nicht, denn auch wenn es auf Anhieb paradox scheinen mag, das Tier hilft ja nicht zuletzt sich selbst. Zwar geht es durch seine Rufe das Risiko ein, vom Räuber entdeckt zu werden. Warnt es aber die anderen Gruppenmitglieder nicht, dann laufen diese weiter sorglos herum, und lenken die Aufmerksamkeit des Feindes auf die ganze Gruppe und damit auch auf das Einzeltier, das ihn zuerst erblickt hat. Still zu bleiben birgt also ein höheres Risiko, der Warner profitiert schließlich von seinem »selbstlosen« Verhalten. Dawkins betont, daß etwa auch ein Singvogel, der einen Falken entdeckt, zwar lautlos davonfliegen und die anderen ihrem Schicksal überlassen könnte, aber durch seine Vereinzelung ein höheres Risiko in Kauf nehmen müßte. Es ist also lohnend, eine gefährliche Entdeckung den Gruppenmitgliedern mitzuteilen. Denn die Gruppenvorteile sind zugleich Vorteile des Individuums. Was hätte denn ein Singvogel davon, zu sehen, wie ein Habicht einen seiner Gruppengenossen frißt? Nur das Risiko, daß der Räuber nach seiner Mahlzeit weiterhin in der Nähe bleibt, um sich nach einem ähnlichen Beuteobjekt umzuschauen.

Wir können also die Faustregel aufstellen: Tiere kooperieren und verhalten sich sogar altruistisch, weil sie in der Gesamtbilanz selbst etwas davon haben. Kooperation und Altruismus unterstützen ihre egoistischen Neigungen. Die Gruppenbildung dient aber nicht nur der »Feindvermeidung«, wie das Beispiel der Warner zeigt, sondern steht auch in direkter Beziehung zum Nahrungserwerb. Vogelfreunde können beobachten, wie ihnen an frostigen Wintertagen Vögel in Scharen zufliegen, wenn sie Futter ausstreuen. Es kommt nicht von ungefähr, daß sich manche Vogelarten im Winter zu kleinen Scharen oder Schwärmen zusammentun, weil sie dadurch eine höhere Überlebenschance haben. Vor allem bei räumlich konzentrierter Nahrung kann sich die »Gruppen-Such-Strategie« als vorteilhaft erweisen. Wenn es ums

Fressen geht, sind alle Lebewesen Opportunisten. Die gleichen Tiere, die sich im Winter infolge knapper Ressourcen zusammenfinden, können in besseren Zeiten ohne weiteres aufeinander verzichten. Anders verhält es sich bei dauerhaft in Gruppen lebenden Tieren wie beispielsweise Wölfen. Aber in einem Wolfsrudel gibt es auch strikte »Regeln« des Zusammenlebens. Kollektives Jagen dient jedem einzelnen Individuum, doch in Krisenzeiten oder bei kleinerer Beute haben in erster Linie ranghohe Erwachsene und Welpen Anspruch auf Futter.

Die elementare Bedeutung, die dem Nahrungserwerb in der Natur zukommt, macht es verständlich, daß von den Lebewesen unterschiedlichste Strategien entwickelt wurden, um an Futterquellen zu gelangen. Die Aussicht auf eine gute Mahlzeit bewirkt sogar, daß Egoisten zusammenarbeiten. Der Futterneid ist in der Natur aber auch allgegenwärtig, der Konflikt daher vorprogrammiert. Wer zuerst kommt, mahlt zuerst. Wer nicht in der Lage ist, vorhandene Nahrungsquellen effizient zu nutzen oder gar solche aufzuspüren, ist unweigerlich dem Untergang geweiht.

. . . und dann die Weitergabe der Gene

Also, zuerst kommt das Fressen und dann – nein, nicht die Moral, die kommt, falls überhaupt, sehr viel später. Soziobiologen sehen in der Fortpflanzung, in der Weitergabe der Gene, die grundlegende Triebkraft im Verhalten der Lebewesen. Letztlich dient auch die Sicherung der Ressourcen dem genetischen Überleben. Natürlich wird sich nur der erfolgreich fortpflanzen, der genügend Nahrung zur Verfügung hat. Das Beschaffen von Nahrung ist vor allem für diejenigen Lebewesen wichtig, die Brutfürsorge und Brutpflege betreiben; je mehr an Nahrung sie ihrem Nachwuchs zur Verfügung stellen können, um so höher ist die Wahrscheinlichkeit, daß dieser seinerseits das Fortpflanzungsalter erreichen wird, womit dann das genetische Überleben immerhin über zwei weitere Generationen gewährleistet ist.

Viele Menschen sind gerührt zu sehen, wie beispielsweise eine Vogelmutter ihre Jungen füttert und unter großen eigenen Gefahren Nahrung für ihren Nachwuchs beschafft. Noch rührender müssen dem Naturfreund jene Fälle der Betreuung von Jungtieren

durch Erwachsene erscheinen, bei denen keine so enge verwandt-
schaftliche Beziehung zwischen den Betreuern und ihren
»Schützlingen« besteht. Die Zoologin Barbara König gibt dazu
einige Beispiele aus der Klasse der Säugetiere. So kommt es bei
Hausmäusen vor, daß die Jungen nicht von ihrer eigenen Mutter,
sondern von anderen Weibchen versorgt werden. Daß nun andererseits weibliche Hausmäuse bei akutem Nahrungsmangel
einen Teil ihrer eigenen Brut auffressen, stört wahrscheinlich das
schöne Bild von den »guten Mäusen«. Aber warum kümmern sich
Tiere überhaupt um ihren Nachwuchs? Nach Dawkins, der mit
seinem Konzept des »egoistischen Gens« viel Staub aufgewirbelt
hat, sind Organismen gleichsam »Genmaschinen«, die alles tun,
um sich fortzupflanzen, ja, sie werden von ihren Genen dazu gezwungen, sich zu reproduzieren, genau gesagt, die Gene zu ver-
vielfältigen. So gesehen ist es kein Wunder, wenn sich Tiere (und
Menschen) um ihren eigenen Nachwuchs kümmern. Warum aber
sollten sich Lebewesen um Nachkommen, die nicht ihre eigenen
sind, kümmern? Unter bestimmten Umständen ist das lohnend.
Das soziobiologische Konzept der *inklusiven Fitness* oder *Ge-
samteignung* sieht vor, daß der Beitrag, den ein Individuum für
seine Gruppe leistet, indirekt belohnt wird. Die individuelle Eig-
nung kann also nicht nur aus dem persönlichen Fortpflanzungserfolg, sondern auch aus dem Fortpflanzungserfolg anderer Gruppenmitglieder resultieren.

Inwieweit es gerechtfertigt ist, mit Dawkins von »egoistischen
Genen« zu sprechen, soll uns hier nicht weiter beschäftigen. Meines Erachtens ist es nicht sehr sinnvoll, Eigenschaften, die erst auf
der Ebene des Gesamtorganismus einen Sinn ergeben – also beispielsweise egoistisches oder altruistisches Verhalten – auf die
Ebene der Gene zu projizieren. Aber das braucht uns an dieser
Stelle nicht zu beunruhigen. Tatsache ist, daß alles Leben danach
strebt, sich zu erhalten, daß jedes Lebewesen seine eigenen genetischen »Bauanleitungen« weiterzugeben trachtet, woraus sich
in der Natur ein großes Konfliktpotential ergibt. Wir dürfen uns
nicht dazu verleiten lassen, bei der Betrachtung der Hege und
Pflege, die viele Tiere ihren Nachkommen gewähren, jene Konflikte zu übersehen, die selbst zwischen Eltern und Kindern in der
Natur allerorts vorkommen. Intensive Brutpflege behindert Eltern
in der Erzeugung weiterer Nachkommen; Vernachlässigung der
Brut kann aber das genetische Überleben reduzieren.

In der Natur sind dazu zwei verschiedene Strategien entwikkelt worden. Manche Tiere produzieren relativ bis sehr viele Nachkommen, ohne sich um diese zu kümmern. Hierbei gilt das Prinzip »Die Menge soll es machen«, die Menge soll also das genetische Überleben sichern. Eine Auster beispielsweise, die bis zu fünfhundert Millionen Eier pro Jahr legt, kann sich schon aus »technischen« Gründen nicht um jeden einzelnen ihrer Nachkommen sorgen. Aber bei dieser gigantischen Zahl potentieller Nachkommen müssen mit einiger Wahrscheinlichkeit ein paar »übrigbleiben« und das Fortpflanzungsalter erreichen. Bei solchen Tieren, die Unmengen an Nachkommen produzieren, ist die Mortalitätsrate sehr hoch und das soziale Verhalten eher gering ausgeprägt. Aber die Menge macht es, die Elterntiere konzentrieren sich auf die Produktion, ohne sich um jedes einzelne Erzeugnis zu kümmern. Ganz anders liegen die Dinge etwa bei Elefanten. Bei ihnen – und anderen größeren Säugetieren – ist jedes Junge gleichsam ein kostbares Gut, das es zu schützen gilt. Ihre Fortpflanzungsrate ist sehr niedrig, sie versuchen also, jedes einzelne ihrer Kinder durchzubringen.

Natürlich müssen wir zur Kenntnis nehmen, daß es in der Natur keine starren Grenzen und daher auch keine eindeutig festgelegten Rezepte für Fortpflanzungserfolg gibt. Es existieren keine Maximallösungen, die unter allen Umständen und zu allen Zeiten Anwendung finden. Daher ändern oft sogar Tiere, die einer und derselben Art angehören, ihre Strategie, und es kann vorkommen, daß auf die Erzeugung vieler Nachkommen programmierte Lebewesen wie die bereits erwähnte Hausmaus unter bestimmten Bedingungen beginnen, ihre eigenen Jungen zu töten. Das Töten von eigenen Nachkommen entspricht nicht den Erwartungen des Naturfreundes. Schließlich haben auch Verhaltensforscher die längste Zeit gedacht, daß überhaupt das Töten von Artgenossen in der Natur nur als Ausnahme vorkommt und in der Regel ausgeschlossen ist. Das wissen wir inzwischen besser, nicht zuletzt dank der Arbeiten von Soziobiologen. Von verschiedenen Primatenarten, von Löwen und anderen Spezies kennt man viele Fälle vor allem der Kindestötung.

Es mag uns widerstreben zu sehen, wie ein erwachsener Löwe niedliche Löwenbabys tötet. Ein perverser Akt, mögen wir denken. Aus der Sicht des Löwen freilich sieht die Sache ganz anders aus. Er tötet arteigene Babys, die nicht seine eigenen sind, um die

Löwin von ihrer Fürsorge für die Jungen zu »befreien« und für sich zu gewinnen, so daß er seine *eigenen* Gene weitergeben kann. Denn nur diese »interessieren« ihn. So bemerkte beispielsweise der leider früh verstorbene Göttinger Anthropologe und Primatenforscher Christian Vogel, daß die Männchen (bei verschiedenen Spezies) von der Kindestötung reproduktiv profitieren und ihren eigenen Fortpflanzungserfolg auf Kosten ihrer jeweiligen Vorgänger steigern. Interessanterweise scheinen die betreffenden Weibchen keine wirksame Gegenstrategie zu besitzen und lassen das Töten der eigenen Kinder zu.

In diesem Zusammenhang ist nochmals auf die Konflikte zu verweisen, die zwischen Eltern und Kindern auftreten. Da beide, Eltern und Kinder, ihre eigenen »Interessen« haben, sind diese Konflikte nahezu unvermeidlich. Kinder »wollen« möglichst viel gewinnen und nichts verlieren, sie »wollen« den Schutz in Anspruch nehmen, den ihnen ihre Eltern gewähren können usw. (Dieses »Wollen« ist natürlich nicht als bewußter Akt zu verstehen.) Da aber der elterlichen Investition in die eigenen Kinder vor allem bei relativ vielen Nachkommen Grenzen gesetzt sind, kommt es nicht nur zum Eltern-Kinder-Konflikt, sondern auch zur Rivalität unter Geschwistern. Nur Eltern, die sehr wenige Nachkommen produzieren, können sich (wie die Elefanten) einen großen Aufwand wegen eines Kindes leisten. Andererseits ist ihr Aufwand auch angebracht, weil sie sich im Laufe ihres Lebens ohnedies nur recht selten fortpflanzen.

Diejenigen meiner Leserinnen und Leser, die Natur »anders« zu sehen gewohnt sind, werden sich vermutlich schon an der hier verwendeten Ausdrucksweise stoßen, die aus dem Jargon der Soziobiologen stammt. »Profitieren«, »Investition« und ähnliche Ausdrücke kennt man aus der Wirtschaft, was haben denn diese Ausdrücke in der Beschreibung des Verhaltens von Lebewesen verloren? Ökonomische Modelle, wie sie in der Soziobiologie angewendet werden, bedeuten selbstverständlich nicht die Unterstellung, daß Tiere ökonomisch »denken«. Aber wenn wir uns nochmals an die Begrenztheit der Ressourcen erinnern und zugleich sehen, daß alle Lebewesen zur Fortpflanzung drängen, dann braucht es uns nicht zu wundern, wenn sich Lebewesen gemäß einer »Ökonomie der Natur« verhalten: Sie suchen das Maximum für sich herauszuholen und genetisch zu überleben und werden von allen Seiten daran gehindert. Die natürliche Auslese belohnt daher immer diejenigen, die die Hindernisse möglichst aus dem Weg räumen und zumindest *optimale* Strategien des Überlebens zu entwickeln imstande sind (»optimal« immer in bezug auf die jeweiligen Lebensumstände). Erlaubt ist dabei *jede* Strategie, sofern sie nur erfolgreich ist. Das Verhalten z. B. einer Bärenmutter, die auch in gefährlichen Situationen ihre Jungen beschützt, ist also ebenso »natürlich« wie das Verhalten jener Mäuse, die ihren eigenen Nachwuchs töten. Spechte, die Bruthöhlen in Bäumen bauen und ihrem Nachwuchs damit relativ optimale Sicherheit gewähren, verhalten sich ebenso »natürlich« wie Löwinnen, die ihre Babys von einem Löwenmännchen töten lassen und sich dann diesem »hingeben«. Das Verhalten der Bärin und der Spechte entspricht freilich viel stärker unseren Erwartungen. Aber die Natur braucht sich nicht an unseren Erwartungen zu orientieren.

Mit Klauen und Zähnen

Die Leserinnen und Leser, die mir bis jetzt gefolgt sind, werden darauf vorbereitet sein, daß in der Natur, in der Pflanzen- und Tierwelt, sehr viele »Organe« entwickelt worden sind, die sich dazu eignen, andere Lebewesen zu beschädigen oder zu töten. Tatsächlich haben wir überhaupt keine Vorstellung davon, welche »Tragödien« sich in der Natur jeden Tag, jede Stunde, jede Minute und jede Sekunde abspielen, wie viele Lebewesen von anderen ernsthaft verwundet, zertrampelt, erdrückt, erwürgt, mit Gift besprüht, aufgespießt, in Teile zerrissen, zu Tode gebissen und gefressen werden. Dem oberflächlichen »Natur«-Beobachter, dem Spaziergänger, der durch eine Kulturlandschaft schlendert, die er irrtümlich mit *Natur* im engeren Sinn verwechselt, bleiben diese Schreckensszenarien erspart, sofern er nicht zufällig einen Ameisenhaufen beobachtet und Ameisen miteinander kämpfen sieht. Aber Ameisen sind kleine, eher unscheinbare Tiere, die die meisten von uns nicht sonderlich berühren, es sei denn, wir finden sie in der Küche.

Schwertfische dagegen sind alles andere als unscheinbar. Zwar muß man sich schon in die Weiten der Ozeane begeben, um auf einen Schwertfisch zu treffen, doch kann dann eine Begegnung mit diesem Tier einen nachhaltigen Eindruck hinterlassen. Ein

Schwertfisch wird bis zu fünf Meter lang; sein Oberkiefer ist stark verlängert und horizontal zu einem Schwert abgeflacht (Abb. 6).

Mit dem »Schwert« kann dieser Fisch in einen Schwarm anderer Fische stechen und viele von ihnen aufspießen. Selbstverständlich kann er damit auch größere Tiere schwer verletzen oder töten.

Der Schwertfisch ist ein gutes Beispiel dafür, was sich die Natur alles einfallen ließ, um ihre Geschöpfe mit »Waffen« zu versorgen, also anatomischen Strukturen, mit deren Hilfe Tiere sich entweder vor Angreifern schützen oder Beute machen können. Der englische Zoologe Philip Street hat in einem Buch die Vielfalt solcher Strukturen anschaulich beschrieben. Als »Waffen« dienen vielen Tieren aber nicht nur anatomische Gebilde, sondern beispielsweise auch Gift.

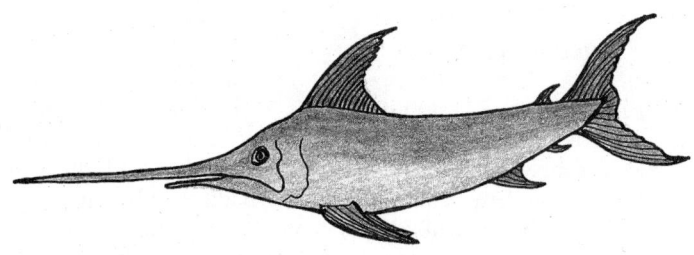

Abbildung 6: Schwertfisch

Giftschlangen sind hinreichend bekannt und gefürchtet. Giftpilze, von denen allein in Europa etwa einhundertsechzig Arten bekannt sind, sollten auch tunlichst gemieden, jedenfalls nicht gegessen werden, da ihre toxischen Substanzen tödlich sein können. Lebewesen, die durch Gifte anderes Leben beschädigen oder töten können, sind aber in vielen Klassen der Organismenwelt mit unzähligen Arten vertreten. Als Beispiel seien nur die Pfeilgiftfrösche erwähnt, eine Familie der Froschlurche, die mit etwa einhundert Spezies in Mittel- und Südamerika verbreitet ist. Ihre Gifte gehören zu den stärksten tierischen Giften überhaupt.

Geht es darum, sich zu verteidigen oder Beute zu fangen, sind in der Natur alle Mittel erlaubt. Klauen und Zähne, aber auch

Hörner und Geweih sind die vielleicht auffälligsten und bekanntesten anatomischen Gebilde in diesem Zusammenhang. Dabei dienen Klauen und Zähne sowohl der Verteidigung als auch dem Ergreifen und Festhalten von Beute, Hörner und Geweih hingegen sind zwar gute Mittel zur Abwehr von Gegnern, werden aber praktisch nie als Instrumente zum Beutefang eingesetzt. Die sie tragenden Tiere – Nashörner, Schafe, Hirsche, Antilopen usw. – sind Pflanzenfresser. Ihre »Waffen« leisten aber gute Dienste als Drohmittel und bei Rivalitätskämpfen. Bei den Hirschen bringen nur männliche Individuen ein Geweih hervor (Ausnahme: Rentiere); es ist allein für den Kampf zwischen männlichen Rivalen bestimmt und eine Art Sexsymbol für die Weibchen. Der eiszeitliche Riesenhirsch brachte es auf eine Geweihspannweite von über drei Metern – allerdings weilt er längst nicht mehr unter den lebenden Spezies. Möglicherweise ist ihm sein Geweih zum Verhängnis geworden. In der Evolution kommt es immer wieder zu solchen *Exzessivbildungen*, das bedeutet also zu einer Verstärkung oder Vergrößerung bestimmter Strukturen. Schöne Beispiele dafür liefern auch die ausgestorbenen Säbelzahnkatzen mit zum Teil extrem vergrößerten oberen Eckzähnen (Abb. 7).

Abbildung 7: Säbelzahnkatzen (oben aus der Ordnung Raubtiere)
(unten aus der Ordnung Beuteltiere)

73

Es ist sicher problematisch, in solchen exzessiv ausgeprägten Strukturen die alleinige Ursache für das Aussterben ihrer Träger zu sehen. Säbelzahnkatzen sind immerhin über einen Zeitraum von vierzig Jahrmillionen fossil dokumentiert. Ihre Eckzähne müssen also zunächst Selektionsvorteile gehabt haben. Andererseits darf man nicht übersehen, daß ein sich verstärkender Trend in der Evolution zu einem »Überschießen« über das physiologisch und ökologisch tragbare Optimum führen kann. Bestimmte Arten können dann »untragbar« werden. Indirekt wurden ihre großen Backenzähne den Säbelzahnkatzen in jedem Fall zum Verhängnis. Der Paläontologe Edwin H. Colbert erklärt das so: Die Säbelzahnkatzen waren auf das Fangen und Töten großer und schwerer, aber nicht sehr schneller Tiere spezialisiert; gestützt von einem kräftigen Hals und einem gewichtigen Körper, waren ihre »Säbel« äußerst wirksam. Als am Ende der Eiszeit allerdings die großen Säugetiere ausstarben, die ihnen als Beute gedient hatten, war auch das Schicksal der Säbelzahnkatzen besiegelt. Denn nun waren flinkere Katzen gefragt, die kleinere, schnellere Tiere zu erbeuten in der Lage waren; da konnten die Säbelzahnkatzen nicht mehr mithalten.

Womit schon wieder das Thema »Untergang der Arten« angesprochen wäre, das uns in diesem Buch auch im weiteren nicht loslassen wird. Die natürliche Auslese ist rücksichtslos: Selbst einst von ihr geförderte Strukturen und Verhaltensweisen können sich jederzeit, unter veränderten Bedingungen, gegen ihre Träger wenden, und die Selektion unterstützt wieder etwas ganz anderes – bis sich die Lebensbedingungen erneut ändern . . .

Es ist indes bemerkenswert, daß es in der Natur stets wehrhafte und weniger wehrhafte Tiere gibt. Viele Pflanzenfresser verfügen über keinerlei »Waffen«. Die benötigen sie freilich bei ihrer »Diät« ohnehin nicht. Warum sollten sie sich aber nicht besser gegen Angreifer verteidigen können? In der Tat gibt es Hasen mit Hörnern oder giftspeiende Hamster nur als Hirngespinste. Das heißt, daß Zähne, Klauen, Hörner, Geweih, »Schwerter«, »Säbel« usw. nicht unbedingt zu den Überlebensinstrumenten in der Natur gehören. Schnelligkeit, Gewandtheit und Feigheit können von der natürlichen Auslese ebenso belohnt werden. Manchmal ist schon eine spezielle Körperkonstruktion für die Abwehr von Feinden von Vorteil. Man denke dabei an die Schildkröten mit ihrem Rückenpanzer. Oder an die Igel, die als Insektenfresser keine Reißzähne brauchen, sich durch ihr Stachelkleid aber immerhin ganz gut vor möglichen Angreifern schützen können. Singvögel wiederum sind (mit Ausnahme der Rabenvögel) praktisch wehrlos – bemerkenswerterweise bilden sie die artenreichste Gruppe in der Klasse der Vögel. Aber sie sind meist klein, können sich gut verstecken und vor Feinden davonfliegen. Verträumte Naturen mögen fragen, warum die Evolution nicht ausschließlich solche Geschöpfe hervorgebracht hat, die nur (abermals mit Ausnahme der Rabenvögel) lieblich singen und niemandem etwas tun. Doch man bedenke, daß die Würmer und Insekten, die von Singvögeln flink gefangen und verzehrt werden, diese nicht gerade als harmlos einstufen würden, ginge ihnen nur einmal ein Licht auf. Auch das scheinbar harmloseste Geschöpf leistet somit seinen Beitrag zur Zerstörung von Leben.

Stare sind eine Familie der Singvögel. Da unsere Sympathien für Insekten, Insektenlarven und Würmer, die neben pflanzlicher Kost auf ihren Speisezetteln stehen, im allgemeinen sehr begrenzt sind, müssen wir Stare als harmlose Gesellen ansehen. Manche Wein- und Obstbauern denken über diese Gefiederten allerdings etwas anders. Im Herbst treten Stare mancherorts in großen Scharen auf und machen sich über Obstplantagen und Weinberge her und richten dort entsprechenden Schaden an. Nicht immer sind es also Zähne und Klauen, die anderes Leben massiv bedrohen.

Heuschrecken besitzen zwar Mundwerkzeuge vom beißend-kauenden Typ, vermögen aber weder uns Menschen noch anderen Säugetieren deshalb wirklich Furcht einzuflößen. Treten sie jedoch in Massen auf, können sie jeden das Fürchten lehren. »Die Völker werden sich entsetzen, aller Gesichter werden bleich. Das Feld ist verwüstet, und der Acker steht jämmerlich.« So beschrieb schon der Prophet Joel ihr verheerendes Auftreten. Tatsächlich kann ein Schwarm von Wanderheuschrecken eine Fläche von bis zu einhundert Quadratkilometern (!) bedecken und Milliarden von Einzeltieren enthalten. Es bedarf keiner besonderen Phantasie, um sich vorzustellen, daß auf dieser Fläche dann nicht viel übrigbleibt – und wir können uns glücklich preisen, daß wir in unseren Breiten heute keine Heuschreckenschwärme mehr zu befürchten haben. Löwen und Tiger mit ihrem gefährlichen Gebiß sind dagegen harmlos.

Auch wenn wir einmal von jenen Tieren absehen, die sozusagen ins Auge fallen und deren »Waffen« offenkundig sind – also nochmals, Zähne, Klauen, Hörner und Geweih –, müssen wir erkennen, daß in der Natur überall Lebewesen durch andere beschädigt und getötet werden, daß überall gestochen, gebissen, gekratzt, gezwickt und gestoßen wird. Wenn wir das genetische Überleben der Organismen als elementare Triebkraft akzeptieren, dann kommt das überhaupt nicht überraschend; denn um zu überleben, benötigen alle Lebewesen Raum und Nahrung, und beides ist nur begrenzt verfügbar. Der heutige Mensch, der weder starke Zähne noch Krallen besitzt, dessen Stammeslinie auch nie mit Hörnern oder Geweih ausgestattet war, hat sich kraft seiner Intelligenz Waffen und Waffensysteme geschaffen, die allerdings alles in den Schatten stellen, was Pflanzen- und Tierwelt bisher an gefährlichen »Instrumenten« hervorgebracht haben. Seine zerstörerischen Aktivitäten folgen durchaus jener evolutionären Logik, die es den Organismen im allgemeinen erlaubt, Nahrung zu gewinnen und sich gegen andere Lebewesen zur Wehr zu setzen. Aber so wie die Säbelzahnkatzen am Ende ihre säbelförmigen Zähne gar nicht mehr einsetzen konnten, weil ihre Beutetiere verschwunden waren, so könnte es auch dem Menschen passieren, daß seine eigenen Lebensgrundlagen dahinschwinden werden und er mit seiner ganzen Technologie vor allem deshalb Schiffbruch erleiden wird, weil diese seine Lebensgrundlagen zerstört.

Andererseits muß uns Rousseaus Parole »Zurück zur Natur« heute naiv erscheinen. Hätte sich Rousseau intensiv mit Biologie beschäftigt oder wäre ihm sogar der Evolutionsgedanke im Sinne Darwins vertraut gewesen, dann wäre er wohl vorsichtiger darin gewesen, die Natur zu verherrlichen. (Einmal ganz abgesehen davon, daß die einzige ihm wirklich vertraute »Natur« die damalige Schweizer Kulturlandschaft war.) Denn »Zurück zur Natur« hieße unter anderem, »Zurück zu Klauen und Zähnen« (und sonstigen Tötungs- und Verteidigungsstrukturen), über die der Mensch eben gar nicht verfügt. Keinesfalls kann »Zurück zur Natur« eine Rückkehr ins Paradies bedeuten, weil es dieses – abgesehen von menschlichen Wunschträumen – nie gab. Wie Bernhard Verbeek in seinem Buch *Anthropologie der Umweltzerstörung* treffend schreibt: »Das Paradies ist ein Traum, der noch nie Realität war, seit das Leben Bewußtheit aus dem dumpfen Tohuwabohu strukturierte und – vorbehaltlich besserer Erkenntnisse – nie Realität sein wird« (1998, S. 65 f.).

Naiv erscheinen muß uns auch das Naturbild, das sich bis heute in vielen philosophischen Systemen gehalten hat. Die mit Romantik durchtränkte *idealistische Naturphilosophie* ist heute nach wie vor präsent. Ihr liegt, wie etwa der Wissenschaftshistoriker Dietrich von Engelhardt zusammenfassend dargelegt hat, eine »Spiritualisierung der Natur« zugrunde, die eine Überwindung der Ausbeutung der Natur vorsieht. Dieses Ziel ist ja begrüßenswert – doch an welche Spezies wollen wir uns dabei wenden? *Homo sapiens* beutet die Natur aus, das ist klar, doch was tun die anderen Arten? Heuschrecken, Stare, Löwen, Wölfe, Bären – sie alle versuchen, die verfügbaren Ressourcen optimal zu nutzen, was ja nicht zu bedeuten braucht, daß sie sich »vernünftig« verhalten. Doch Vernunft und »Spiritualität« sind eben keine Kategorien der Natur – sie sind Eigenschaften und Erfindungen des Menschen, der vor den Zähnen und Klauen zurückschreckt, mit deren Hilfe Organismen zu überleben versuchen, ohne zu bemerken, daß er selbst die blutigsten Dramen in der Natur – und in seiner eigenen Welt (!) – verursacht.

Natur, wie sie vermeintlich nicht sein dürfte

Der Wettbewerb in der Natur ist hart, keinem Lebewesen wird etwas geschenkt. Da die Konkurrenz unter Artgenossen oft sehr stark ist und jedes Individuum primär seine eigenen Gene weitergeben will, ist auch das Töten von Artgenossen, vor allem die Kindestötung, keine Seltenheit. Unter diesen Umständen darf es uns nicht mehr wundern, wenn Jeffrey Cohn über Kojoten in Kalifornien berichtet, die Füchse angreifen und töten. Angehörige zweier verwandter Arten – beide gehören in die Familie der Hundeartigen – stehen hier in einem (für die Füchse) oft tödlich ausgehenden Wettbewerb. Trotzdem ist dieser Umstand einigermaßen bemerkenswert.

In traditioneller Sichtweise dient das Verhalten eines Individuums seiner Art. Die Soziobiologie hat, wie gesagt, diese Sichtweise ad absurdum geführt: Das Individuum hat ausgesprochene (genetische) »Eigeninteressen« – daher ist das Töten von Artgenossen (nicht nur beim Menschen) durchaus häufig und keine biologische Anomalie. Wie aber verhält es sich mit der Beziehung von Arten untereinander? Der Wettbewerb ums Dasein im Sinn von Darwin spielt sich, wie ebenfalls bemerkt wurde (S. 47), in erster Linie innerhalb der Art ab. Das wurde auch in der klassischen Verhaltensforschung akzeptiert, ohne daß man dabei daran dachte, Individuen derselben Art würden einander auch töten. Ich bemerkte (auf S. 47), daß der Artgenosse die gleichen Ansprüche auf Ressourcen, Raum und Nahrung, und auf Geschlechtspartner anmeldet, so daß beispielsweise Elefanten und Geparde keinen Grund haben, sich in die Haare zu geraten. Tiere töten Angehörige anderer Arten dann, wenn diese ihnen als Beute dienen. Das ist nicht ungewöhnlich und seit Menschengedenken hinreichend bekannt. Es gibt die klassischen Räuber und die klassischen Beutetiere: Löwen töten Zebras oder Antilopen, Füchse töten Hasen oder Rebhühner, Maulwürfe töten Regenwürmer, Eulen töten Mäuse, Haie töten andere Fische oder Robben usw. In jedem Fall dient das Töten der Ernährung und erfüllt somit einen biologischen Zweck. Wohl mögen wir für den Hasen Mitleid empfinden, wenn er vom Fuchs gefaßt und gefressen wird, so wie wir auch die junge Robbe bedauern mögen, die zwischen Haifischzähne gerät. Aber schließlich weiß jeder, daß es in der Natur Pflanzen- und Fleischfresser gibt und daß letztere halt auch »irgendwie leben müssen«.

Tiere, die einem Räuber nicht als Beute dienen, werden von diesem mehr oder weniger ignoriert. Das scheint als Faustregel zu gelten. Braunbären fressen, soviel ich weiß, keine Hunde, so daß sich Hunde im allgemeinen vor Braunbären auch nicht fürchten müssen. Nicht ratsam ist es freilich für den Hund, einen Braunbären anzugreifen; dieser kann dann sehr wohl tödlich zuschlagen, aber eben nur, um sich zu verteidigen und nicht, um sein Menü durch Hundefleisch zu ergänzen. Keineswegs bedeutet jeder Fleischfresser für jedes andere Tier eine Gefahr, denn Fleischfresser sind oft auf bestimmte Arten spezialisiert.

Anders liegen die Dinge nun in jenen beschriebenen Fällen, in denen ein Fuchs einem Kojoten zum Opfer fiel. Der Fuchs ist, wohlgemerkt, für den Kojoten keine Beute und greift diesen auch nicht an. Allerdings leben beide im gleichen Areal und haben ähnliche Nahrungsgewohnheiten. Sie sind also Konkurrenten, so wie Artgenossen. Im »Normalfall« – man kennt das aus jedem Tierfilm – werden kleinere Arten von größeren vertrieben, wenn eine Beute für beide gleichermaßen attraktiv ist. Das vom Löwen geschlagene Zebra kann auch einem Schakal Gaumenfreuden bereiten, aber der Schakal wird vom Löwen »angebrüllt« und in die Flucht geschlagen (ohne getötet zu werden). Aber Zoologen scheinen jetzt mehr und mehr Hinweise darauf zu finden, daß der Wettbewerb zwischen Arten tödlich enden kann. Doch das sollte uns andererseits nicht überraschen, denn der sichere Weg, den Wettbewerb um Nahrung sozusagen zu mildern, ist, die Konkurrenten überhaupt aus dem Weg zu räumen. Der Mensch hat das immer getan – warum sollten nicht auch andere Spezies diese Strategie erfunden haben?

Darwin hat seinen Zeitgenossen eine Welt, eine Natur vorgeführt, die nicht auf große Sympathie stieß. Kampf, Hunger und Tod konnten es doch nicht sein, die das Leben der Tiere gleichsam bestimmen. Merkwürdigerweise war man weniger über die gewaltige Rolle erstaunt, die diese drei Faktoren im Leben des Menschen spielen. Doch je grausamer der Mensch seine Welt empfindet, um so stärker ist offenbar sein Bedürfnis, irgendwo eine heile Welt annehmen zu dürfen. Also in der Natur »da draußen« – als ob der Mensch eben nicht in der Natur stünde, und als ob »da draußen« eine vom Menschen unberührte Natur existierte. Aber davon war in diesem Buch schon die Rede. Auch im 20. Jahrhundert haben sich keineswegs alle mit Darwins Lehre anfreunden können, und Widerstände gegen die Evolutionstheorie im allgemeinen werden heute nach wie vor artikuliert. Diese Widerstände haben zum Teil religiöse Motive, liegen aber sicher auch darin begründet, daß das Naturbild der Evolutionstheorie (insbesondere im Sinn Darwins) den Erwartungen vieler Menschen nicht entspricht.

Unser Gehirn ist so strukturiert, daß es die Wahrnehmung von Harmonie, Symmetrie und Ebenmaß mit positiven Gefühlen belohnt. Aber wir nehmen die Dinge um uns herum selektiv wahr und neigen dazu, Dinge (und Ereignisse) zu *bewerten*, bevor wir sie überhaupt näher kennen. Und wir streben nach Geborgenheit. Also dürfte die Natur nicht so sein, wie sie uns Darwin geschildert hat. Viel sympathischer klingen da schon die Worte, die der österreichische Botaniker Raoul H. Francé (1874–1943) in seinem Büchlein *Harmonie in der Natur* vor über siebzig Jahren niederschrieb:

Wunderbar eingerichtet ist dieser Kosmos mit seinem so pracht-voll funktionierenden System der steten Ausgleichsvorgänge, die ihn im Sein erhalten als ein ewig wechselndes und doch be-ständiges Bild der erstaunlichsten Vorgänge. Und wenn irgend et-was des Menschen Gemüt mit Andacht und Liebe zu der großen Schöpferkraft, die uns ins Dasein gerufen hat, erfüllen kann, so ist es dieser Anblick und das Wissen um das große Ausgleichgesetz der Weltharmonie (1926, S. 31).

Nun hat uns zwar niemand »ins Dasein gerufen«, sondern wir wurden aufgrund unwahrscheinlicher – um nicht zu sagen: zu-fälliger – Vorgänge in die Welt »geworfen«, aber bitte, manche fühlen sich besser, wenn sie »gerufen« werden. Doch wie sieht das »Ausgleichgesetz«, so es tatsächlich ein »Gesetz« ist, aus? Es führt dazu, daß eine ungeahnt große Zahl von Lebewesen zu-grunde geht, daß Arten, ja ganze Ordnungen und Klassen von Or-ganismen aussterben, daß ganze Planeten, Sonnen und Sonnen-systeme erlöschen. (Auf einige »kosmische Gesetze« kommen wir im nächsten Kapitel noch zu sprechen.)

Aber das ist Natur, wie sie in unseren Augen gar nicht sein dürfte. So wie der nächtliche Sternenhimmel über uns Ruhe und Frieden ausstrahlt, so kündet auch eine Wiesenlandschaft mit Kühen, bunten Blumen und Bienen von Ruhe und Frieden. Wird man einmal von einer Biene gestochen, dann wird man womög-lich rasch belehrt, daß Natur ein wenig anders ist, als wir sie gerne sehen, und weiß man um die Katastrophen, die in den Weiten des Weltalls passieren (ohne daß sie uns in irgendeiner Form be-treffen), dann denkt man über »Harmonie« wohl auch etwas kri-tischer.

Man verstehe mich nicht falsch. Ich will nicht den »Er-holungswert« in Zweifel ziehen, der jedem von uns aus einem Spaziergang in der »Natur« erwächst; ich will auch niemanden davon abhalten, die »Natur« – oder das, was gern darunter ver-standen wird – zu bewundern. Mein Hauptanliegen ist vielmehr zu zeigen, daß Natur als Ganzes ein dynamischer Prozeß ist, der von ständiger Zerstörung begleitet wird: Zerstörung von In-dividuen, Arten, Lebensräumen, Planeten, Sternen. Jenes Natur-bild, das uns mit Freude erfüllt und uns Geborgenheit vermittelt, ist ein schiefes Bild, das die tatsächlichen »natürlichen Er-eignisse« nicht zeigt oder nicht zeigen darf (gemäß der Doppelmoral von Sittenwächtern, die in Pornofilmen bestimmte Stellen zensieren). Illusionäres Denken begleitet die ganze Menschheitsgeschichte, aber noch nie waren Illusionen auf Dauer wirklich beglückend. In der »praktischen« Konsequenz solcher Überlegungen werden wir zu fragen haben, was *Naturschutz* letzten Endes bedeuten kann, woran er sich zu orientieren hat und wie wir ihn einigermaßen sinnvoll betreiben können.

4. Selbstorganisation – Selbstdestruktion

Aufbau und Zerstörung

Wenn nicht alles falsch ist, was Astrophysiker und Kosmologen berichten, dann entstand das Universum infolge der *Urknall* genannten unvorstellbaren Explosion vor etwa zwanzig Milliarden Jahren (vielleicht auch etwas früher oder etwas später, aber was macht das schon). Seither dehnt es sich ständig aus, und es könnte sein, daß es dazu verurteilt ist, sich für immer, ewig auszudehnen, wie einige von James Glanz knapp zusammengefaßte Forschungsergebnisse vermuten lassen. Eine Folge dieser »kosmischen Evolution« war die Entstehung der Erde vor etwa fünf Jahrmilliarden, auf der es beinahe fast vier Milliarden Jahre Leben gibt und die seit rund fünf Jahrmillionen Hominiden, »Menschenartige«, beherbergt. Ich möchte hier nicht darüber spekulieren, wie wahrscheinlich das Auftreten von Lebewesen oder gar intelligenten Spezies auf anderen Weltkörpern ist. Die Entstehung von Hominiden auf unserem Planeten war schon unwahrscheinlich genug, aber das muß nicht notwendigerweise bedeuten, daß auf anderen Planeten das Auftreten ähnlicher Wesen grundsätzlich ausgeschlossen war oder ist. Besonders »lebensfreundlich« scheint unser Universum allerdings nicht zu sein.

Zu den grundlegenden Prinzipien der Physik gehört der *Zweite Hauptsatz der Thermodynamik* oder *Entropiesatz*, nach dem – in aller Kürze und Einfachheit ausgedrückt – in abgeschlossenen Systemen der Grad der Unordnung zunimmt. Daher müßte sich das Universum, falls es ein abgeschlossenes System ist, in Richtung zunehmender Unordnung entwickeln und irgendwann – in zehn, fünfzehn, zwanzig Milliarden Jahren (?) – sozusagen zusammenbrechen. Ilya Prigogine, Nobelpreisträger, belgischer Chemiker russischer Herkunft, meinte einmal, daß »Entropie« ein etwas merkwürdiges Prinzip sei. Seine Merkwürdigkeit wird man verstehen, wenn man die Lebewesen näher betrachtet, die ja doch beständig *Ordnung* aufbauen. Sie scheinen dem Entropiesatz zu widersprechen. Da aber kein Lebewesen *gegen* elementare physikalische Gesetze verstoßen kann – schließlich hat auch noch niemand die Schwerkraft überwunden –, muß sich selbst der Aufbau von Ordnung in die allgemeine Zunahme von Unordnung einfügen. Das ist offenbar gar nicht so schwer.

Der Physiker Erwin Schrödinger (1887–1961) konnte auf der Basis des Konzepts der »negativen Entropie« oder *Negentropie* deutlich machen, daß Organismen, indem sie ihrer Umgebung Energie entziehen, Ordnung aufzubauen in der Lage sind. Jedes lebende System ist in der Tat ein geordnetes, alle seine Teile und Funktionen sind minutiös aufeinander abgestimmt – anders könnte es gar nicht existieren. Doch indem sie Energie aus ihrer Umgebung aufnehmen und verbrauchen, leisten Organismen ihren Beitrag zum Entropiewachstum. Jeder Vogel etwa, der ein Nest baut, baut Ordnung auf, und mitunter sind Vogelnester architektonisch geradezu formvollendete Gebilde. Um aber das Nest bauen zu können, muß er etwas zerstören, Zweige abbrechen, Blätter abreißen usw. Jedes Tier, das ein Nest baut oder beispielsweise Kanäle in die Erde gräbt, vollführt eine für sich immer bewundernswerte Leistung, aber auf Kosten seiner jeweiligen Umwelt. Von Bibern errichtete Dämme, Maulwurfshügel, Fuchsbauten – man nehme, was man will – sind ganz typische Zeugnisse tierischer Aktivitäten, aber sie sind auch Zeugnisse der Zerstörung.

Im Grunde genommen sind diese Aktivitäten der Tiere jedermann bestens bekannt, aber mir will scheinen, daß die meisten Leute den Aspekt der Zerstörung dabei völlig unter den Tisch kehren. Es ist rührend zu sehen, wie beispielsweise ein Fuchs seinen Bau gräbt und dort fürsorglich seine Jungen unterbringt. Dabei wird leicht übersehen, daß es dem Fuchs vollkommen gleichgültig ist, welche anderen Organismen er durch seine »Bautätigkeit« schädigt oder gar tötet.

Aufbau und Zerstörung liegen in der Natur daher dicht beisammen. Wie wir gleich sehen werden, erfolgt Aufbau sogar *aus* Zerstörung. Vom Menschen ist das sehr gut bekannt, alles, was er tut, geschieht auf Kosten der Natur, auf Kosten anderer Lebewesen. Die Sicherung von Arbeitsplätzen etwa im Straßenbau ist nur möglich, wenn immer neue Straßen gebaut werden, die selbstverständlich andere Lebewesen schädigen. Wollte man diese Arbeitsplätze sichern, ohne neue Straßen zu bauen und die Natur weiter zu schädigen, dann müßte man dafür sorgen, daß die bestehenden Straßen laufend beschädigt werden. Nur so könnten die Straßenbauarbeiter ständig beschäftigt werden. Die anderen Lebewesen kennen das Problem der Arbeitsplatzsicherung zwar nicht (man ist geneigt, sie darob zu beneiden), aber sie kennen das Problem des Überlebens, und dieses läßt Rücksicht auf andere »Naturdinge« nicht zu.

Sterne und Planeten kann man zwar nicht ernsthaft mit dem Begriff des Überlebens in Verbindung bringen, aber Katastrophen verursachen sie allemal. Sterne können unter dem Druck der eigenen Schwerkraft, zusammenbrechen. »Kollabiert« aber ein Stern, dann erhöht sich seine Schwerkraft, und er wird zum »Schwarzen Loch«. Dieses »verschluckt« jedoch alles, was in seine Nähe kommt. Asteroiden wiederum setzen sich aus dem zusammen, was vom ursprünglichen »Staub« im Sonnensystem übrigblieb. Ihre Schwerkraft formt sie nicht zu Kugeln, daher weisen sie unregelmäßige Formen auf. Sie haben die unangenehme Eigenschaft, daß sie gelegentlich auf der Erde einschlagen. Dabei können sie enorme Katastrophen verursachen. Wahrscheinlich war das Aussterben der Dinosaurier und vieler anderer Organismenarten vor knapp siebzig Jahrmillionen die Folge eines Asteroideneinschlags. David M. Raup sowie Anton Preisinger und Herbert Stradner gehören zu den vielen Geologen, Geophysikern und Paläontologen, die in den letzten zehn bis zwanzig Jahren die Theorie vom außerirdischen Einfluß auf das Artensterben auf der Erde diskutiert haben. Diese Theorie ist nicht von der Hand zu weisen. Demnach wären Lebewesen nicht nur durch ihre Artgenossen bedroht (Darwins Wettbewerb ums Dasein), und nicht nur durch Vertreter anderer Arten (man denke nochmals an Kojoten und Füchse), sondern auch durch völlig unberechenbare extraterrestrische Ereignisse, die »schlagartig« zu gewaltigen Katastrophen führen.

Die Erdgeschichte bzw. Evolution werden wir im nächsten Kapitel als Katastrophengeschichte ausführlicher betrachten.

Die zerstörerischen Aktivitäten einzelner Lebewesen sind leicht nachvollziehbar. Jeder Organismus verbraucht Energie. Seine Fortpflanzungsgeschäfte allein sind energetisch mitunter recht aufwendig. Denn dem eigentlichen Fortpflanzungsakt, der selbst sehr kurz sein kann, gehen oft eine langwierige Partnersuche, Kämpfe mit Rivalen und Balzverhalten voraus. Viele Männchen sind gezwungen, den Weibchen zu imponieren, was sehr zeit- und energieaufwendig ist. Beispielsweise errichten die in Australien und Neuguinea beheimateten Laubenvögel mehr oder weniger kunstvolle Gebilde aus Zweigen und ähnlichem Material, sogenannte Lauben, womit sie die Aufmerksamkeit ihrer Weibchen erregen. Da viele Tierarten Brutfürsorge und Brutpflege betreiben, müssen sie auch in diesem Zusammenhang einiges an Arbeit leisten, Nester bauen, Höhlen graben usw. Nicht zu vergessen ist schließlich der Aufwand, der den Weibchen durch das Ausbrüten von Eiern oder die Schwangerschaft und die Sorge um ihre Jungen aufgebürdet wird. Das alles kostet also viel Energie, und die müssen ja die Lebewesen von irgendwoher nehmen. Sie beziehen die Energie trivialerweise aus ihrer Umgebung, indem sie Nahrung zu sich nehmen. Das muß dann natürlich nicht so katastrophal ausgehen wie im Fall eines Heuschreckenschwarms, aber man bedenke, daß etwa auch Blattläuse große Schäden an Pflanzen anrichten können, die zu deren Austrocknung und Verpilzung führen.

Alle Lebewesen beuten somit ihre Umgebung bis zu einem gewissen Grade aus, aber alle sind sie auch auf irgendeine Weise Opfer der Ausbeutung durch andere. Selbstverständlich hängt das wiederum zusammen mit dem ungeheuren Drang nach Fortpflanzung. Darwin schrieb dazu treffsicher folgendes:

Bei Betrachtung der Natur ist es nöthig, ... nie zu vergessen, dass man von jedem einzelnen organischen Wesen sagen kann, es strebe nach der äussersten Vermehrung seiner Anzahl, dass jedes in irgendeinem Zeitabschnitte seines Lebens in einem Kampfe begriffen ist, und dass eine grosse Zerstörung unvermeidlich in jeder Generation oder in wiederkehrenden Perioden die jungen oder alten Individuen befällt. Wird irgend ein Hindernis beseitigt oder die Zerstörung um noch so wenig gemindert, so wird beinahe augenblicklich die Zahl der Individuen zu jeder Höhe anwachsen (1859 [1988, S. 86]).

Aber Darwin wußte auch über die Hindernisse, die einer »unbegrenzten« Fortpflanzung im Wege stehen, bereits gut Bescheid. Noch einmal wörtlich:

Wenn sich eine Art durch sehr günstige Umstände auf einem kleinen Raume zu übermässiger Anzahl vermehrt, so sind Epidemien (so scheint es wenigstens bei unseren Jagdthieren gewöhnlich der Fall zu sein) oft die Folge davon, und hier haben wir ein vom Kampfe um's Dasein unabhängiges Hemmnis. Doch scheint selbst ein Theil dieser sogenannten Epidemien von parasitischen Würmern herzurühren, welche durch irgend eine Ursache, vielleicht durch die Leichtigkeit der Verbreitung auf den gedrängt zusammenlebenden Thieren, unverhältnismässig begünstigt worden sind; und so fände hier gewissermaßen ein Kampf zwischen den Schmarotzern und ihren Nährthieren statt (1859 [1988, S. 88 f.]).

Das eigentliche Drama der Natur liegt daher darin, daß sich selbst diejenigen Organismen, die es aufgrund günstiger Lebensumstände schaffen, genetisch sehr erfolgreich zu sein, nicht lange über ihren Erfolg freuen können. Und wenn sie schon von Artgenossen oder konkurrierenden Arten mehr oder weniger verschont bleiben, können sie immer noch von Klimakatastrophen oder gar Asteroiden heimgesucht werden.

Das alles wäre wohl anders, wenn die Natur statisch wäre. Aber sie ist *dynamisch*, die Lebensumstände der Organismen verändern sich, nichts ist konstant, alles befindet sich sozusagen im Fluß. Diese alte Weisheit bedeutet in letzter Konsequenz, daß nichts Bestand hat und alles zerstört wird. Die Entwicklungsgeschichte jedes individuellen Lebewesens von der befruchteten Eizelle über seine Geburt bis zur Geschlechtsreife ist ein bemerkenswerter »Aufbauprozeß«, der aber mit dem unausweichlichen Tod des Lebewesens endet. Freilich lebt der Organismus, falls er sich rechtzeitig fortgepflanzt hat, genetisch weiter. Damit ist er dann, ob es ihn interessiert oder nicht, am »Aufbau« seiner Art beteiligt. Dieser ist aber auch nicht die Ewigkeit beschieden; im günstigsten Fall entwickelt sie sich zu einer anderen Spezies, im ungünstigsten Fall stirbt sie aus.

In gewissem Sinn ist es verständlich, daß sich viele Menschen krampfhaft bemühen, hinter solchen Vorgängen einen Sinn zu erblicken. Ich meine aber, daß wir uns allmählich mit dem Gedanken anfreunden sollten, daß wir in einer sinnlosen Welt leben. Das muß ja noch lange nicht bedeuten, daß wir in unserem Leben keinen Sinn erblicken dürfen. Wir müssen unser Leben sogar als sinnvoll empfinden, da wir ansonsten Opfer unserer eigenen Verzweiflung werden. Allerdings sehe ich nicht ein, warum ich mein eigenes Leben nur dann als sinnvoll empfinden soll, wenn schon das Universum als solches sinnvoll ist. Der amerikanische Philosoph Morris R. Cohen (1880–1947) schrieb treffend (sinngemäß) folgendes: Das menschliche Bedürfnis nach einem bewußten Zuschauer unseres intensiven, aber nicht kommunizierbaren inneren Drangs ist so groß, daß unzählige Menschen eine dämonische Welt bevorzugt haben, dazu geschaffen, alle bis auf einige wenige Auserwählte zu peinigen, statt eine indifferente, gleichgültige Welt zu akzeptieren, die ihren fruchtbaren wie auch zerstörerischen Regen auf alle ergießt. In der Tat sollte man sich vergegenwärtigen, was jene Illusion eines sinnvollen, von Gott regierten Universums schon angerichtet hat. Und wenn sich der Mensch damit brüstet, das einzig *vernunftbegabte* Lebewesen zu sein, dann sollte man sich ernsthaft fragen, warum er eines solchen Universums bedarf, warum er sein Leben, sein Geschick nicht selbst in die Hand nehmen kann, warum er seinem Leben nicht durch eigene Anstrengung Sinn zu verleihen imstande sein sollte. Die Vorstellung eines sinnlosen Universums, in dem letztlich alles zerstört wird und das sich nur durch Zerstörung erhalten kann, ist so gesehen alles andere als inhuman. Im Gegenteil, sie verleiht dem Menschen erst jene intellektuelle Kraft, die ihm in allen illusionären Denksystemen direkt oder indirekt abgesprochen wird.

Aufbau aus Zerstörung

Daß in der Natur Aufbau und Zerstörung nicht nur dicht beisammen liegen, sondern daß auch Aufbau *aus* Zerstörung erfolgt, ist nach dem Gesagten ein Gemeinplatz. Die Saurier sind vor fast siebzig Millionen Jahren ausgestorben – aber die meisten der heutigen Säugetiere einschließlich des Menschen wären in der Evolution kaum »aufgebaut« worden, hätte es diese Katastrophe nicht gegeben.

Seit den siebziger Jahren wird ausgehend von Überlegungen in verschiedenen wissenschaftlichen Disziplinen – von der Physik über die Biologie bis zu den Sozial- und Wirtschaftswissenschaften – das Konzept der *Selbstorganisation* teils recht lebhaft diskutiert. Manchmal wird behauptet, daß dieses Konzept eine wissenschaftliche Revolution bedeutet. Ich verweise hier nur auf den von Wolfgang Krohn und Günter Küppers herausgegebenen Sammelband mit Beiträgen von Autoren aus verschiedenen Fachgebieten.

Selbstorganisation bezieht sich unter anderem auf zwei Erkenntnisse: Erstens, daß sich komplexe Systeme, seien es Organismen oder Wirtschaftssysteme, nicht nach streng deterministischen Gesetzen entwickeln, sondern sozusagen eine innere Dynamik aufweisen und daher auch nicht exakt prognostizierbar sind; zweitens, daß solche Systeme zweckmäßig organisiert sind, dynamisch sich entwickelnde Ganzheiten darstellen, deren Elemente auf vielfältige Weise zueinander in Beziehung stehen. Die Bedeutung dieser beiden Erkenntnisse liegt darin, daß wir uns die Welt insgesamt – und ihre einzelnen Teilbereiche – nicht als linear angeordnet vorstellen dürfen, sondern als sehr komplex, im dynamischen Wandel begriffen, mit Strukturen, die gleichsam aus sich heraus Zweckmäßigkeit entwickeln. So neu sind diese Erkenntnisse freilich nicht, wir finden sie in Andeutungen in weiten Bereichen der Philosophiegeschichte.

Das Konzept der Selbstorganisation gibt, wie ich bereits auf S. 18 bemerkte, zu manchen Hoffnungen Anlaß. Es bricht mit starren Denktraditionen, es steht entgegengesetzt zu statischen Weltbildern und bezieht sich auf Dynamik und Wandel. Grundsätzlich ist dieses Konzept selbstverständlich mit dem Evolutionsdenken voll im Einklang und läßt Organismen als komplexe Systeme begreifen, die eine gewisse Eigendynamik aufweisen und nicht starren Gesetzen unterliegen. Die von ihm ausgehende Hoffnung bezieht sich allerdings vor allem auf das *menschliche* Leben und unsere Sozialsysteme.

Der in Österreich geborene, später vor allem in Kalifornien wirkende Physiker Erich Jantsch (1929–1981) – Mitbegründer des »Club of Rome« – war so etwas wie ein Guru der Selbstorganisation. Sein Buch *Die Selbstorganisation des Universums* zeigt – abgesehen davon, daß es viele interessante Einzelheiten aus verschiedenen wissenschaftlichen Disziplinen enthält – sehr schön, was ich hier mit jener Hoffnung meine. Das Leben, vor allem das menschliche Leben, ist nach Jantsch ein Prozeß der Selbstverwirklichung. Es gibt demnach im Leben, in der Welt, nichts Absolutes. Diese Auffassung birgt für uns natürlich große Chancen. Ja, wir könnten befreit aufatmen, da – nach Jantsch – nicht einmal Gott absolut ist, »er evolviert selbst – er *ist* Evolution«

(1979, S. 412). Die Frage nach dem Sinn des Lebens, unseres menschlichen Lebens, gewinnt damit auch eine neue Dimension. Da unser Bemühen letztlich nicht der genauen Kenntnis des Kosmos gilt, sondern unserer eigenen Rolle darin, kommt uns das Konzept der Selbstorganisation dabei sehr entgegen. »Das Selbstorganisations-Paradigma«, meinte Jantsch, »das die Dimensionen der Verbundenheit zwischen allen Formen der Entfaltung einer natürlichen Dynamik offenlegt, steht im Begriff, die Erkenntnis eines solchen Sinnes wesentlich zu vertiefen« (1979, S. 415).

Solche Überlegungen und Hoffnungen folgen freilich einer langen Tradition in der Philosophie. Da die Sinnfrage zu den grundsätzlichen Problemen menschlicher Existenz gehört, sollte es uns nicht weiter überraschen, daß verschiedene Auffassungen über die Natur schließlich so konzipiert wurden, daß sie unserem Leben einen Sinn verleihen konnten. Repräsentativ dafür sind beispielsweise die in dem Buch *Der Selbstaufbau der Natur* niedergelegten Gedanken der deutschen Philosophin Hedwig Conrad-Martius (1888–1966), die von der »Selbstbewirkungsmacht des Lebendigen« sprach. Solche (naturphilosophische) Entwürfe sind vielen Menschen sehr sympathisch, da sie eine stetige Verbesserung des Lebens, nicht zuletzt des menschlichen Lebens versprechen. Der Aspekt der Zerstörung wird dabei nur zu gern unter den Tisch gekehrt. Vertreter des modernen Konzepts der Selbstorganisation übersehen natürlich nicht, daß sich in unserer Welt fortgesetzt Katastrophen abspielen. Sie neigen aber durchaus zu der Auffassung, daß sich die Natur schließlich stets zu einem mehr oder weniger harmonischen Ganzen reguliert und ständig, sozusagen aus sich heraus, neu aufbaut. John und Mary Gribbin meinen, daß die Geschichte des Lebens auf der Erde zwar »Vom Tod auf der Erde« als Überschrift tragen sollte, versuchen aber zugleich deutlich zu machen, daß einschneidende Veränderungen des Erdklimas und Katastrophen die Bedingungen für die Entstehung und Evolution des Menschen waren. So hätte es die Natur eigentlich gut mit uns gemeint: Sie zerstörte die Dinosaurier, neben denen die Säugetiere stets im Schatten geblieben und wir nie aufgetreten wären. Der Gedanke ist verlockend, daß viele Naturereignisse als Vorbereitung auf den Menschen stattgefunden haben. In Wahrheit sind die Saurier selbstverständlich nicht ausgestorben, *damit* andere Tiere und schließlich Menschen auftreten konnten.

Die Idee einer Teleologie oder universellen Zweckmäßigkeit in der Natur ist so mächtig, daß ihr immer wieder selbst kritische Geister unterliegen. Wenn hier davon die Rede ist, daß Aufbau *aus* Zerstörung erfolgt, sollte das allerdings nicht in dieser Richtung mißverstanden werden. Ich meine keineswegs, daß die Zerstörung etwa einer Tierklasse den Aufbau neuer Tierklassen in sich trägt. Mit dem Aussterben der Dinosaurier war in der Natur kein Zweck verbunden. Als diese Reptilien von der Bühne der Evolution verschwanden, war auch nicht festgelegt, daß damit automatisch gleichsam eine neue Ära in der Geschichte des Lebens beginnen wird. Im *nachhinein* können wir heute von der Ära der Säugetiere sprechen, doch wer weiß, was sich sonst noch alles entwickelt hätte, wären die Bedingungen nur ein wenig anders gewesen. Jedenfalls kann man nicht sagen, daß sich die Säugetiere – und mit ihnen vor allem die Primaten mit unserer Spezies – entwickeln *mußten*. Nichts spricht dagegen, daß die Evolution der Säugetiere theoretisch auch auf der Stufe von Gattungen wie *Morganucodon* hätte stehenbleiben können. *Morganucodon* (nach Fossilfunden in Großbritannien) und einige andere Gattungen waren den Spitzmäusen ähnliche Säugetiere, Aas- und Insektenfresser, die wahrlich nicht auf das Auftreten von Gattungen wie Schimpansen oder Menschen hindeuteten. Damals hätte also niemand die relativ rasche Entfaltung der Säugetiere und die Entstehung des *Homo sapiens* voraussagen können.

Den Vertretern des Konzepts der Selbstorganisation ist beizupflichten, daß der Natur eine Dynamik innewohnt, daß die Evolution des Kosmos und damit der Erde und des Lebens nicht determiniert, vorherbestimmt ist. Wir benötigen dazu aber keinen »evolvierenden Gott« im Sinn von Jantsch. Auch dürfen wir nicht den Fehler machen, aus der Selbstorganisation zu schließen, daß sich die Natur zu immer »besseren« Systemen entwickelt oder daß bestimmte Systeme zerstört werden, *damit* neue, »bessere« auftreten. Aufbau *aus* Zerstörung bedeutet, daß nach der Auslöschung (z. B. von Planeten oder Organismenarten) etwas Neues entstehen *kann* – aber nicht *muß*. Es sind Szenarien denkbar, die das Auftreten von Neuem nicht mehr zulassen. Ein atomarer Holocaust etwa, der auch heute auf der Erde leider noch lange nicht auszuschließen ist, könnte die Evolution dermaßen »zurückwerfen«, daß nur einige Arten von Mikroorganismen überleben würden, die sich dann keineswegs noch einmal zu komplexeren vielzelligen Lebewesen entwickeln müßten, bloß weil das schon einmal in der Geschichte der Erde geschah.

Systeme der Natur organisieren sich selbst, aber sie zerstören sich auch selbst oder werden aufgrund der »inneren Dynamik« der Natur von anderen Systemen zerstört. Einen »tieferen Sinn« vermag ich darin nicht zu erblicken. Daß nicht alles so bleiben wird, wie es heute ist, mag uns zum Trost gereichen, vor allem wenn wir mit den gegenwärtigen Umständen unzufrieden sind. Aber der Natur ist unsere Unzufriedenheit gleichgültig. Manche meiner Leserinnen und Leser werden sich wahrscheinlich unbehaglich fühlen, wenn ich sage, daß das Aussterben des *Homo sapiens* oder seine Selbstausrottung nur eine Fußnote in der Katastrophengeschichte des Universums wäre. Im Grunde genommen ist das jedoch nur eine Frage der Perspektive. So wie wir gar nicht bemerken, wenn eine Insektenart ausstirbt, würde unsere Spezies dem Universum überhaupt nicht »fehlen«.

Vielleicht ist man auch geneigt zu denken, daß doch gerade der Mensch nach jeder Zerstörung zu ungeheuren Aufbauarbeiten fähig ist, was sich beispielsweise in Erdbebengebieten zeigt. Erdbeben kommen unangemeldet und richten häufig katastrophale Schäden an. Sie kosten oft unzählige Menschenleben, zerstören in einer bestimmten Region binnen Minuten und Sekunden alles, was Menschen in vielen Jahren aufgebaut haben. Wie bereits auf S. 27 erwähnt wurde, hatte das Erdbeben von Lissabon über die konkreten Zerstörungen hinaus ein ganzes Weltbild erschüttert. Keineswegs kommt es daher überraschend, daß Erdbeben zu allen Zeiten viele Geister beschäftigt haben und wir seit der Antike bemüht sind, die Ursachen dieser Naturereignisse zu ergründen (nicht zuletzt, um ihnen vorbeugen zu können, was bisher allerdings nicht gelungen ist). Der Wissenschaftstheoretiker Erhard Oeser gibt einen umfassenden Überblick über Theorien, die vom Altertum bis ins 18. Jahrhundert über Erdbeben und ihre Ursachen in Umlauf gebracht wurden. Daraus lernt man, daß Naturhistoriker und Philosophen von diesem Naturphänomen stets fasziniert waren und ebenso um Erklärungen gerungen haben. Doch wie die Erdbeben der letzten Jahre und Jahrzehnte zeigen, hat unsere Ratlosigkeit in Anbetracht solcher Naturgewalten inzwischen keineswegs abgenommen. Um so erstaunlicher ist es ja in der Tat, daß die Überlebenden eines Erdbebens in der Regel keineswegs davonlaufen, sondern an

Ort und Stelle aufzubauen versuchen, was sie verloren haben. Der Drang des Lebens – hier des menschlichen Lebens – fortzubestehen, ist beachtlich. Paradoxerweise bauen Menschen in Erdbebengebieten nur auf, was mit hoher Wahrscheinlichkeit in Zukunft wieder zerstört wird.

Man wird an Sisyphos erinnert. In der griechischen Mythologie ist Sisyphos bekanntlich jene Gestalt, die dazu verurteilt war, einen schweren Felsblock einen Berg hinaufzuwälzen, der jedoch immer kurz vor dem Gipfel wieder hinunterrollte. Albert Camus (1913 – 1960) nahm den Mythos von Sisyphos in seinem gleichnamigen Essay zum Symbol des menschlichen Lebens. Demnach lebt der Mensch in einer absurden, sinnlosen Welt. Letztlich ist nichts so sicher wie sein eigener Tod. Doch gerade diese Absurdität der Welt weist den Menschen auf sich zurück, er muß durchhalten, die Sinnlosigkeit der Welt ist kein Argument gegen das Leben. Was Camus damit in literarisch vollendeter Form vortrug, daß nämlich der Kampf gegen Gipfel den Menschen auszufüllen vermag und wir uns Sisyphos daher als glücklichen Menschen vorstellen müssen, hat die Natur schon vor Jahrmilliarden auf ihre Weise bewältigt. Leben hat sich von Anfang an reproduziert, nichts konnte daran etwas ändern. Auch wenn jedem individuellen Lebewesen eine nur sehr begrenzte Lebenszeit zur Verfügung steht, war Verzweiflung am eigenen Leben nie ein Problem der Evolution. Viele Naturereignisse, die den Menschen erschüttern mögen, sind sozusagen ganz gewöhnliche und sogar notwendige Vorgänge. So verwüsteten im Sommer 1988 durch Blitzschlag verursachte Brände ein Drittel des weltweit einzigartigen Yellowstone-Nationalparks in den USA. Diese Katastrophe zeigt, daß manche Kräuter und Sträucher nach einem Brand sogar besser gedeihen als vorher, weil sie mehr Licht und Nährstoffe gewinnen, und daß manchen Tieren plötzlich unerwartet üppige Mahlzeiten gegönnt sind: Greifvögel profitieren von dem Brand, indem sie vor den Flammen in großer Zahl fliehende Kleintiere erbeuten. Nach dem Brand kehrten auch bald große Pflanzenfresser wie Bisons nach Yellowstone zurück und konnten sich von den nun gut gedeihenden Kräutern und Gräsern ernähren. Kein Grund zur Verzweiflung also, das Leben war danach in gewissem Sinn sogar besser als vor der Katastrophe.

Nur der Mensch kommt in die Lage, an seinem Leben verzweifeln zu können, da er die Sinnlosigkeit der Welt als quälend empfinden kann. Aber durch seine vielen Illusionen hat sich selbst der Mensch über die Absurdität der Welt hinwegzutrösten vermocht. Und wo keine Illusion mehr hilft, dort bleibt der wie allem Leben auch dem Menschen eigene Drang, so lang wie möglich am Leben zu bleiben, seine nackte Existenz gegen alle Unbilde der ihn umgebenden Natur zu retten. Daher ist der Suizid die Ausnahme und nicht die Regel. Die Farce des Lebens ist nicht zu leugnen. Im Gegensatz zum Menschen scheint aber kein Lebewesen auch nur etwas davon zu ahnen. Seine »Instinkte« gebieten jedem Lebewesen, alles zu tun, um sein Leben so lang wie möglich zu erhalten und sich zu reproduzieren. Doch es sind die gleichen »Instinkte«, die auch den Menschen dazu veranlassen, Zerstörtes wieder aufzubauen, selbst auf die Gefahr hin, daß – ganz wie im Mythos von Sisyphos – dem Aufbau erneute Zerstörung folgt.

Freilich darf dabei die Tragik nicht übersehen werden, daß der Mensch selbst ein durchaus zerstörerisches Lebewesen ist, welches sich durch seine Kriege und andere Torheiten die Notwendigkeit des Aufbaus stets aufs Neue aufbürdet. Es genügt ihm, der sich im Gegensatz zu anderen Lebewesen als *wissend* dünkt, offenbar nicht, daß er von Heuschreckenschwärmen, Tornados, Erdbeben, Flut- und Dürrekatastrophen heimgesucht wird; nein, er selbst trägt an der Selbstzerstörung der Natur einen immens hohen Anteil und ist daher fortgesetzt damit beschäftigt, aufzubauen, was er zuvor zerstört hat.

Fressen, um gefressen zu werden

Zuerst kommt das Fressen, so stellten wir im letzten Kapitel fest, und dann die Weitergabe der Gene. Wie innig beides miteinander verwoben sein kann, zeigt uns eine Fangheuschrecke, die unter dem irreführenden Namen »Gottesanbeterin« (*Mantis religiosa*) bekannt ist. Ihre Weibchen sind größer als die Männchen, die von jenen aber gefressen werden. Das Männchen nähert sich dem Weibchen, um mit ihm zu kopulieren. Bekommt das Weibchen die Gelegenheit, seinen Geschlechtspartner zu verzehren, dann tut es das auch ohne Umschweife. Sogar während oder schon vor der Begattung wird dem Männchen der Kopf abgebissen, da dieses selbst ohne Kopf noch begattungsfähig ist. (Man sieht, Sex kann eine kopflose Angelegenheit sein.)

Sicher ist das ein extremes Beispiel, aber eines, das mit der Vorstellung vom »Gen-Egoismus« der Soziobiologie im Einklang steht. Warum die Natur bei der Gottesanbeterin diesen doch etwas ausgefallenen Weg gewählt hat, Lebewesen die Verbreitung ihrer eigenen Gene zu ermöglichen, ist schwer zu sagen. Die Regel ist es jedenfalls nicht, daß Geschlechtspartner einander auffressen. Sehr wohl sind in der Natur aber Lebewesen oft Jäger und Gejagte zugleich. Man könnte sagen, sie fressen nur, um selbst gefressen zu werden.

Abermals sei davor gewarnt, hier eine Teleologie der Natur zu vermuten. Weder liegt es in der Absicht eines Tieres, von einem anderen gefressen zu werden, noch verfolgt die Natur irgendwelche Absichten, wenn Tiere einerseits Tiere fressen, andererseits selbst von Tieren gefressen werden. Diese Dinge passieren in der Natur einfach, weil es ja gar nicht anders geht.

An dieser Stelle empfiehlt sich ein kleiner Abstecher in die *Ökologie,* jene biologische Disziplin, von der heute praktisch jedermann behauptet, sie zu verstehen. Immerhin sind »Öko-Produkte« *en vogue* – und wer will schon zugeben« nicht zu wissen, was sich dahinter wirklich verbirgt.

Doch trifft schon die Lehrbuch-Definition von Ökologie als Lehre von den Wechselbeziehungen zwischen den Organismen und ihrer jeweiligen Umwelt keineswegs die Erwartung von Öko-Aposteln. Von der Sache her hat also Ökologie nichts mit Natur- bzw. Umweltschutz zu tun, womit sie gern verwechselt wird. Ihre Erkenntnisse sind aber die Grundlage für jeden sinnvollen Natur- oder Umweltschutz. Ich verweise in diesem Zusammenhang nur auf das inhaltsreiche Buch des Ökologen Ragnar K. Kinzelbach. Prinzipiell haben Ökologen, wie Lyall Watson ausführt, zwei Grundprobleme zu behandeln. Das eine ist das der Verteilung, das andere das des Überschusses. Denken wir dabei nochmals an die Beziehung zwischen Eulen und Mäusen (S. 17).

Die Schnee-Eule ist ein im Norden verbreiteter, imposanter Vogel, der über sechzig Zentimeter groß wird; ihr überwiegend weißes Gefieder ist typisch für Vögel der Polarregion, die auch unter Säugetieren die »Weißfarbigen« begünstigt (Eisbär, Polarfuchs). Sie frißt kleine Nagetiere, Wühlmäuse und vor allem Lemminge. Ihr Schicksal, also ihre Populationsdynamik, ist eng

mit den Lemmingen verbunden. Sie folgt den Lemmings-
wanderzügen in den Süden und ist reproduktiv um so erfolgreicher, je größer die Verfügbarkeit von Lemmingen ist.
Üblicherweise legt sie drei bis vier Eier, in Jahren, in denen es
viele Lemminge gibt, ist ihr Gelege allerdings doppelt so groß. Die
Schnee-Eule ist aber kein enger Spezialist in puncto Ernährung.
Wenn nach dem Zusammenbruch einer Lemming-Population
diese Ressource knapp wird, weicht sie vor allem auf Schnee-
hühner aus. Ihre enge Beziehung zu Lemmingen hat trotzdem
teils drastische Konsequenzen. Der französische Ornithologe Jean
Dorst führt dazu folgendes aus: Wenn Populationen von Lemmingen sozusagen ihren quantitativen Höhepunkt erreicht haben, brechen sie ziemlich rasch zusammen, so daß viele Schnee-
Eulen – »verwöhnt« von zuvor reichhaltigen Nahrungsressourcen – nervös werden und in südliche Gebiete abwandern; dort gehen sie aber meist schnell zugrunde, womit sich in ihren Ur-
sprungsgebieten ihre Populationsgröße wieder auf ein kleineres
Maß einpendelt, welches dann wiederum den geschrumpften Populationen der Lemminge angemessen ist.

Dies Beispiel zeigt den »Umgang« einer Tierart mit Verteilung
und Überschuß von Ressourcen. Es demonstriert auch den dünnen Faden, an dem eine Tierart oft hängt – die Frage ist, ob es genügend Beutetiere gibt, und falls nicht, wie die prekäre Situation
bewältigt werden kann. So wie der Schnee-Eule geht es ja vielen
Tieren. Besonders drastisch – aus menschlicher Sicht – sind jedoch jene Fälle, die eine »Räuberart« zur Beute machen, vor allem
dann, wenn die niedlich aussehenden kleinen »Räuber« zu Opfern
werden. Erwachsene Geparde sind selten Beute von anderen
Raubtieren, aber kleine Geparde kann man sich schon holen. Es
darf daher nicht überraschend kommen, daß vor allem Raubtiere
ihre Jungen verteidigen, als ob sie von der Hinterlist der Natur
wüßten: »Der große Räuber ist mir überlegen, aber der kleine ist
hilflos, daher warte ich auf den Moment, in dem er unbewacht
ist.«

Wir Menschen finden vor allem junge Säugetiere und Vögel
niedlich. Oft genug ist in Zeitungen zu lesen, daß etwa ein Hundewelpe, den sein »brutaler« Besitzer weggeworfen hatte, gerettet
werden konnte. Das wird mit Freude gemeldet und mit ebensol-
cher Freude registriert. In der Natur, in der »wirklichen« Natur,
ist ein verlassener Hundewelpe die optimale Beute eines Raub-

tiers. Eine hungernde Schnee-Eule, die keine Lemminge mehr findet, würde wohl auch einen Dackel-Welpen als willkommene Mahlzeit betrachten.

Wären Antilopen und Gazellen in der Lage, ihr Schicksal zu überdenken, dann wären sie wohl ständig der Verzweiflung nahe. Sie sind harmlose Pflanzenfresser, kaum in der Lage, anderen Tieren etwas anzutun. Fortgesetzt aber fällt das eine oder andere ihrer Individuen einem Räuber zum Opfer. Sie sind in ständiger Gefahr, von Löwen, Leoparden oder Geparden angegriffen und getötet zu werden. Natürlich tun sie alles, um am Leben zu bleiben und genetisch zu überleben – sie fressen und pflanzen sich fort –, aber manche von ihnen müßten den Eindruck haben, daß sie das nur tun, um gefressen zu werden. Glücklicherweise *denken* Antilopen und Gazellen nicht. Sie »erkennen« zwar ihre Feinde und fliehen, wenn sich beispielsweise ein Löwe in Sichtweite befindet, aber das hilft ihnen in vielen Fällen nicht. In der Tat mag es uns paradox erscheinen, daß viele Tiere nur fressen, um von anderen Tieren gefressen zu werden. Selbstverständlich ist das nicht ihr »Wille«. Wenn sie fressen, dann tun sie das nur, um selbst am Leben zu bleiben und nicht, um anderen Tieren eine Mahlzeit zu bieten.

Die Schnee-Eule, die einen Lemming frißt, die Schlange, die ein Kaninchen hinunterwürgt, die Katze, die einen Singvogel tötet und verzehrt – sie alle tun das bloß, um am Leben zu bleiben, ohne »böse Absichten« und natürlich ohne Rücksichtnahme auf die »Interessen« ihrer jeweiligen Beutetiere. Die Natur muß uns Menschen unter diesem Gesichtspunkt grausam erscheinen. Dabei ist »Grausamkeit« selbstverständlich nur eine von uns in die Natur projizierte Kategorie, die die Natur verfälscht. Ökologen sprechen nüchtern bloß von der *Nahrungspyramide.* Eine solche ist in vereinfachter Form in Abb. 8 dargestellt: Pflanzen, die unter Bindung von Sonnenenergie aus anorganischen Substanzen ihre Biomasse[3] aufbauen, sind *Produzenten,* Lebewesen, die sich davon ernähren, *Konsumenten.* Dabei ist zwischen den Primär- und Sekundärkonsumenten zu unterscheiden. Primärkonsumenten sind die Pflanzenfresser, Sekundärkonsumenten die Fleischfres-

---

3 Unter »Biomasse« wird im allgemeinen die Gesamtmasse der in einem Lebensraum existierenden Lebewesen in Gramm pro Kubikmeter (Volumen) oder Quadratmeter (Oberfläche) verstanden.

ser, die also ihrerseits Pflanzenfresser verzehren. Die Sekundärkonsumenten können sich auch an toten Tieren vergreifen. Die
sogenannten saprophagen Organismen ernähren sich von Leichen
(Aasfresser) oder auch von organismischen Ausscheidungspro-
dukten. Schließlich gibt es noch die *Destruenten*, Mikroorganismen, welche die beim Tod von anderen Lebewesen anfallenden
(organischen) Substanzen oder Ausscheidungsprodukte von Lebe-

Abbildung 8: Nahrungspyramide

wesen abbauen und in einfache anorganische Verbindungen über-
führen, womit wiederum Pflanzen Nährstoffe zur Verfügung gestellt werden.

All das ist vielleicht nicht sehr appetitlich, aber es interessiert
niemanden in der Natur, wie wir darüber denken. Ein Misthaufen
bietet nun einmal vielen Lebewesen optimale Ernährungs-, und
damit Lebensbedingungen, und Aasfresser wie beispielsweise

Hyänen – die sich allerdings auch von lebenden Tieren ernähren – müssen sich über jedes verendete und verendende Lebewesen oder auch vom Menschen produzierte Abfälle freuen. Nun sollten wir Menschen uns nicht allzuviel auf unsere Freßgewohnheiten einbilden. Verschiedene unserer Vorfahren haben wahrscheinlich alles verzehrt, was ihnen irgendwie eßbar schien – vom Aas bis zum eigenen Artgenossen. Unsere Gattung ist der typische *Omnivore*, also Allesfresser, und nur eine saturierte Zivilisation kann es sich leisten, die ungeheure Fülle von eßbaren Pflanzen und Tieren auf unseren Speisezetteln einzuschränken. Daß unsere Gattung überlebt hat, ist sicher zumindest teilweise auch darauf zurückzuführen, daß sie kein Nahrungsspezialist war (und ist), sondern die verfügbaren Ressourcen optimal zu nutzen wußte. Wie Lyall Watson in seinem Buch *Omnivore* dargelegt hat, spielt das Fressen in unserer Evolution eine große Rolle (bei welcher Gattung denn nicht!), doch verdanken wir vor allem unserer Vielseitigkeit in bezug auf die Ernährung eine ganze Menge.

Insofern ist es paradox, daß sich heute viele Menschen in den westlichen Industriegesellschaften kapriziös weigern, dieses oder jenes zu essen, beispielsweise Ameisen. Anläßlich eines Interviews wurden Edward O. Wilson – man erinnert sich: Biophilie (S. 15) – geröstete Ameisen als Geschenk dargereicht[4], die er freudig gegessen hat. Als Insekten- und vor allem Ameisenspezialist weiß Wilson natürlich, daß insbesondere jungfräuliche Königinnen gut schmecken, weil sie zum Zeitpunkt ihres Paarungsflugs viel Fett im Körper haben. Aber grundsätzlich wissen wir ohnehin, daß wir alles essen können, sofern es nicht giftig ist: Früchte, Pilze, Tiere verschiedenster Art – und, wie gesagt, sogar unsere Artgenossen. Durch unsere Kultur sind jedoch die meisten von uns sensibel geworden. Doch unsere Kultur vermittelt uns auch ein einseitiges Bild von Natur, und inzwischen nicht zu unterschätzende Strömungen von Vegetariern eignen sich dazu, dem Liebhaber von Schnitzeln, Schweinebraten und Rehgulasch das Leben schwerzumachen, wenn dieser selbst etwas labil ist und nicht zu seinen Ernährungsgewohnheiten steht.

4 Interview in *Der Spiegel*, 27. November 1995, S. 193 ff. Ameisen werden z. B. in Südamerika gegessen. Man kann sie geröstet und gesalzen oder auch mit Schokolade überzogen servieren.

Aber ich weiche hier schon etwas vom Thema ab. Fressen, um gefressen zu werden – das ist ein Grundproblem der Natur, ohne daß sich Lebewesen dieser Tragödie bewußt sind. Sie alle versuchen ja, (unbewußt) zu überleben, fressen und pflanzen sich fort und bemerken dabei nicht, daß sie nur Ressourcen für andere Lebewesen bilden. Dabei verursachen sie selbst unzählige Tragödien, die freilich nur von uns Menschen als solche gesehen werden.

Doch wie gesagt, die Natur kennt keine Grausamkeiten. Sie kennt nur das eherne Prinzip des Überlebens, und dies ist untrennbar mit dem Fressen verbunden – oder, etwas vornehmer ausgedrückt, mit der relativ optimalen Nutzung der verfügbaren Ressourcen.

Weh' dem, der siegt

Die Not der Tauglichsten haben wir bereits in Kapitel 2 kennengelernt. Kein Lebewesen ist dazu geschaffen, für immer die besten Strukturen, Funktionen oder Verhaltensweisen zu besitzen und diese an die Nachkommen weiterzugeben. Die heutigen Sieger sind morgen die Verlierer. Da das Konzept der Selbstorganisation vom ständigen Wandel ausgeht, müssen seine Vertreter zur Kenntnis nehmen, daß Evolution nicht bloß *Aufbau* bedeuten kann, sondern für Individuen wie Arten enorme Verluste mit sich bringt. Daß aus diesen Verlusten Neues entsteht, gereicht vielen zum Trost.

Paläontologen gliedern seit langem die Erdgeschichte in *Zeitalter*, für die sie die jeweils dominierenden Pflanzen- und Tiergruppen gleichsam als Leitlinien nehmen. Das *Mesozoikum* oder Erdmittelalter etwa war das »Zeitalter der Reptilien« und (auf der Seite der Pflanzen) das »Zeitalter der Nacktsamer« (im wesentlichen Nadelhölzer). Die heute lebenden rund sechstausend Arten von Reptilien sind nur der kümmerliche Rest einer einst überaus formenreichen Wirbeltiergruppe, die etwa einhundert Millionen Jahre lang, vor allem mit den Dinosauriern, die Bühne der Evolution beherrschte. Hätte ein intelligentes extraterrestrisches Wesen vor, sagen wir, einhundertzwanzig Millionen Jahren die Erde besucht, dann wären ihm die Reptilien als die eindeutigen Sieger der irdischen Evolution erschienen. Aber wie wir wissen, es kam ganz anders.

Das *Känozoikum* oder die Erdneuzeit gilt als das »Zeitalter der Säugetiere«, und es ist inzwischen, wie wir ohne jede Überheblichkeit sagen dürfen, unsere Spezies, die auf diesem Planeten die beherrschende Rolle spielt. Außerdem ist diese Spezies die einzige, die sich Gedanken machen kann über ihre eigene Evolution und die Evolution der anderen Arten. Daher sollte man meinen, daß ihre Vertreter auch gewillt sind, aus dem bisherigen Verlauf der Erdgeschichte zu lernen und daraus Konsequenzen zu ziehen. Aber nichts von dem geschieht. *Homo sapiens* sieht sich als Sieger im Evolutionsgeschehen – und nur wenigen seiner Repräsentanten scheint es klar zu sein, daß es in diesem Geschehen keine endgültigen Sieger geben kann.

Da Leben »permanente Leistung« (B. Verbeek) bedeutet, sind die Aktivitäten unserer Spezies nichts Außergewöhnliches. Alles Leben, so können wir bisher Gesagtes auf den Punkt bringen, kann sich nur erhalten, indem es etwas zerstört. Das trifft uneingeschränkt auch auf *Homo sapiens* zu. Seine »permanente Leistung« besteht eben auch nur in der Suche und im Nutzen von Ressourcen. Seine zerstörerischen Aktivitäten sind demnach bloß Teil einer evolutionären Logik, die durch die alte Volksweisheit »aus nichts wird nichts« ausgedrückt werden kann. Das Fatale am menschlichen Verhalten ist allerdings, daß es die »Zerstörungsspirale« der Natur mit atemberaubender Geschwindigkeit dreht und durch nichts gebremst werden kann. Unsere Wirtschaftssysteme sind ein derartig massiver, überdimensionierter Eingriff in die Biosphäre, daß diese in relativ kurzer Zeit in den Kollaps schlittern kann, der dann allerdings uns genauso in den Abgrund ziehen wird.

Dieses Problem ist mittlerweile durchaus auch von kritischen Wirtschaftswissenschaftlern erkannt worden. Einer von ihnen ist John M. Gowdy, der in einer vor kurzem erschienenen Veröffentlichung eindringlich auf die Notwendigkeit einer tiefen Einsicht in die dynamischen Beziehungen zwischen unseren Aktivitäten und unserer Umwelt und auf die Bedeutung des Lernens aus der Vergangenheit hingewiesen hat. Aus der Vergangenheit der Erdgeschichte zu lernen müßte für *Homo sapiens* zuallererst das Bemühen bedeuten, zu erkennen, wie Lebewesen – einmal abgesehen von Katastrophen, bedingt etwa durch Asteroiden – in den

Untergang schlittern, wenn sie sich drastisch vermehren und die Ressourcen knapp werden. Natürlich verläßt sich der Mensch auf seine Intelligenz, die ihm komplexe Technologien zu erzeugen gestattet, mit denen er wiederum die Ressourcen ständig erneuern zu können glaubt. Aber offenbar gehört es nicht zur Grundausstattung unseres Erkenntnis- bzw. Denkapparates, *Grenzen* des eigenen Handelns ins Kalkül zu ziehen, wenn dieses Handeln längere Zeit von außen durch nichts begrenzt wird.

Die Trampelpfade der Elefanten legen Zeugnis davon ab, daß sich einzelne Arten natürlich nicht um ihre Umwelt kümmern. Dabei sind Elefanten schon relativ intelligente Tiere. Aber sie haben gelernt, daß man immer wieder ausweichen kann, daß man auf Wanderungen neue Ressourcen findet. Falls ihre Ressourcen insgesamt dann doch knapp werden, weil die Elefanten nicht »haushalten« können, werden ihre Populationen eben dezimiert. Das ist ein in der Natur sozusagen völlig normaler Vorgang. Als die Dinosaurier die Szene beherrschten, dachte selbstverständlich niemand daran, daß die Ressourcen knapp werden könnten. Jeder einzelne Saurier nahm sich, was er – seiner anatomischen und physiologischen Leistungskapazität gemäß – kriegen konnte, und nahm keinerlei Rücksicht auf andere Arten. Den großen pflanzenfressenden Sauriern konnte es aus verständlichen Gründen nicht in den »Sinn« kommen, daß die Zahl der Bäume und der anderen Pflanzen auf diesem Planeten beschränkt ist. Ebensowenig dachten unsere prähistorischen Vorfahren daran, daß es nur eine begrenzte Zahl jagdbarer Tiere und eßbarer Pflanzen auf der Erde gibt. Aber so wie die Saurier, wußten auch die prähistorischen Menschen noch nichts von »Grenzen« und »Begrenzung«. Vielmehr muß es unseren Vorfahren spätestens auf der Stufe des *Homo erectus* gedämmert haben, daß die Ressourcen mit bestimmten Werkzeugen aus Stein viel besser genutzt werden können – wobei es freilich keinem von ihnen schien, daß er die Natur, wie wir heute sagen, »ausbeutet«. Daher wurden die Hominiden – insbesondere dann mit *Homo sapiens* – eine außergewöhnlich erfolgreiche Tierfamilie.

Erfolgreich ist eine Art tatsächlich immer dann, wenn sie die verfügbaren Ressourcen optimal zu nutzen versteht. Sicher, »optimale Nutzung« muß nicht brutale Zerstörung bedeuten. Eher im Gegenteil, sie würde zu einer Schonung der Ressourcen führen, zu einem »vernünftigen« Umgang mit dem Nahrungsangebot. Zwei Gründe aber legen die Vermutung nahe, daß sich die Lebewesen so verhalten, daß sie praktisch immer am Rand des Abgrunds stehen: Erstens haben sie, wie schon gesagt, keine Vorstellungen von Grenzen, so daß sie auch nicht »wissen«, wieweit sie gehen dürfen. Zweitens planen sie nicht in die Zukunft. Man wird vielleicht einwenden, daß manche Tiere sehr wohl ihre Zukunft planen, weil sie sich beispielsweise Futtervorräte für den Winter anlegen. Aber das hat mit bewußter (Zukunfts-)Planung nichts zu tun, sondern ist diesen Tieren (etwa Hamstern) einprogrammiert. Ein »weises« Verhaltensprogramm, gewiß, aber eines, das nichts an der Schonungslosigkeit ändert, mit der Tiere in ihrer jeweiligen Umwelt agieren. Allerdings gibt es in der Natur verschiedene Mechanismen, »ausbeuterische Arten« in die Schranken zu weisen. Leichte Verfügbarkeit von Ressourcen führt in der Regel dazu, daß sich Lebewesen rasch fortpflanzen. Aber jede Population, die eine gewisse Grenze erreicht oder überschritten hat, muß auf lang oder kurz einen mehr oder weniger hohen Preis zahlen. Hohe Bevölkerungsdichte kann zu aggressivem Verhalten unter Artgenossen führen oder zu einer schnellen Verbreitung von Krankheiten, so daß die betreffende Population bald wieder kleiner wird; oder die Ressourcen werden eben allmählich knapper, so daß wiederum eine Schrumpfung der Populationsgröße die Folge ist.

Weh' dem, der siegt – oder glaubt, gesiegt zu haben. Als Spezies muß *Homo sapiens* heute durchaus den Eindruck haben, der Beherrscher der Natur und der Sieger in der Evolution zu sein. Er hat, wie wir noch sehen werden, andere Spezies dramatisch zurückgedrängt, innerhalb der evolutionsgeschichtlich unbedeutenden Zeitspanne von mehreren Jahrtausenden (und insbesondere in diesem Jahrhundert) hat sich die Zahl seiner Individuen kontinuierlich gesteigert und ist mittlerweile auf sechs Milliarden angewachsen, und schließlich hat er seine Technologien zur Nutzung und Ausbeutung der Ressourcen beständig verbessert. So, könnte man denken, sehen die wirklichen Sieger der Evolution aus. Wehe uns!

5. Evolution als Katastrophengeschichte

Die Katastrophen der Erdgeschichte

Das Aussterben einzelner Arten ist – man blättere noch einmal zurück zu Kapitel 2 – in der Evolution ein ganz gewöhnlicher Vorgang. Aber wie uns der Untergang der Dinosaurier vor über sechzig Jahrmillionen zeigt, kam es in der Erdgeschichte auch zu Krisen und Katastrophen, die gleichzeitig viele Arten in den Untergang trieben. Solche Phasen des *Massenaussterbens* sind in den letzten fünfhundert Millionen Jahren mehrmals aufgetreten und »haben«, wie der Paläontologe Steven M. Stanley schreibt, »innerhalb kurzer Zeit in weltweitem geographischem Maßstab unzählige Arten ausgemerzt – manchmal sogar die Mehrzahl der jeweils auf der Erde lebenden Arten« (1988, S. 23). Ich gebe in Abb. 9 zunächst eine Übersicht über die für die einzelnen Erdzeitalter typischen Tier- und Pflanzengruppen, in Abb. 10 einen Überblick über die bisher bekannten Phasen des Massenaussterbens, die zu den sogenannten Faunen- und Florenschnitten in der Evolution geführt haben. Diese »Schnitte« sind eben dadurch charakterisiert, daß danach jeweils andere Tier- oder Pflanzengruppen vorherrschend waren bzw. sind.

Das Phänomen des Massenaussterbens wird aus paläontologischer und evolutionsbiologischer Sicht von zahlreichen Autoren kontrovers und kritisch erörtert, so z. B. von V. Courtillot und Y. Gaudemer, H. K. Erben, D. H. Erwin, A. Hoffman, A. I. Miller, D. M. Raup, S. M. Stanley, D. Weinich, E. O. Wilson *(Der Wert der Vielfalt)* und vielen anderen (siehe Literatur), wobei einige dieser Arbeiten sehr spezielle Aspekte des Phänomens behandeln, andere recht allgemein gehalten sind. Faszinierend ist das Thema allemal, nicht zuletzt deshalb, weil die Phasen des Massenaussterbens eine gewisse Periodizität erkennen lassen. Gibt es etwa eine Gesetzmäßigkeit, die mehr oder weniger regelmäßig zum gleichzeitigen Aussterben vieler Organismenarten führt? Wann kam es in der Erdgeschichte zum Massenaussterben welcher Lebewesen (Abb. 10)?

Zeitalter	Periode	Beginn vor Millionen Jahren	Tier- und Pflanzenwelt
KÄNOZOIKUM (Erdneuzeit)	Quartär	2	
	Tertiär	70	
MESOZOIKUM (Erdmittelalter)	Kreide	135	
	Jura	180	
	Trias	220	
PALÄOZOIKUM (Erdaltertum)	Perm	270	
	Karbon	350	
	Devon	390	
	Silur	430	
	Ordovizium	490	
	Kambrium	600	
PRÄKAMBRIUM		ca. 5000	

Abbildung 9: Repräsentative Tier- und Pflanzengruppen in den einzelnen Erdzeitaltern

Vor etwa vierhundertundvierzig Millionen Jahren vernichtete eine Katastrophe viele Arten der damals reich entwickelten Gruppe der sogenannten Armfüßer, zahlreiche Moostierchen und große Teile der riffbildenden Faunen.

»Nur« rund achtzig Jahrmillionen später erschütterte die nächste Katastrophe die Biosphäre, wobei abermals vor allem meeresbewohnende Arten die Opfer waren. Die Pflanzen jedoch, die sich inzwischen auf das Festland »vorgewagt« hatten, blieben verschont.

Massenaussterben vor Millionen Jahren	Hauptsächliche Opfer des Massenaussterbens
65	 Marine Wirbellose; Reptilien (Dinosaurier, Flugechsen usw.)
210	 Marine Wirbellose; säugetierähnliche Reptilien; Amphibien
250	 Dreilappkrebse und andere marine Wirbellose; Insekten; Panzerfische; Amphibien; Reptilien
360	 Marine Wirbellose; Fische
440	 Armfüßer; Moostierchen; riffbildende Faunen

Abbildung 10: Phasen des Massenaussterbens

Die dritte Katastrophe ereignete sich vor etwa zweihundertundfünfzig Millionen Jahren und nahm besonders gewaltige Ausmaße an. Sie bewirkte das größte Massenaussterben in der Erdgeschichte und raffte über achtzig Prozent aller marinen Tierarten hinweg. Die Tierwelt entging nur knapp dem völligen Untergang. Die Dreilappkrebse und die Panzerfische starben zur Gänze aus, auf dem Festland wurden die Reptilien dramatisch dezimiert, ebenso auch die Amphibien und die Insekten. Nur langsam erholte sich die Tierwelt von diesem schweren Schlag.

Aber schon vierzig Millionen Jahre später kam es zur nächsten Katastrophe, die wieder zahlreiche meeresbewohnende Wirbellose, marine und landlebende Reptilien und Amphibien auslöschte.

Schließlich starben vor fünfundsechzig Millionen Jahren die Saurier aus. Diese Katastrophe ist uns am besten bekannt, weil sie höchst spektakuläre Tierarten vernichtete, die – im Gegensatz etwa zu marinen Wirbellosen – heute auch in der Spielzeug- und Filmindustrie eine große Rolle spielen.

Es wäre wohl gerechtfertigt, diesen fünf Phasen des Massenaussterbens noch eine sechste anzuhängen, die nicht sehr weit, rund zwölftausend Jahre, zurückzudatieren ist. Damals starben viele Großsäugetiere aus, darunter Mastodonten, Mammuts, bärengroße Biber, sechs Meter große Faultiere und andere. Ob dafür allein die ausklingende *Eiszeit* verantwortlich war oder auch schon der Mensch, der damals bereits intensiv Tiere bejagte, wird derzeit diskutiert. Es ist wahrscheinlich, daß der steinzeitliche Mensch viele Arten zurückdrängte und damit mit seinen immer raffinierter gewordenen Werkzeugen auch stetig »erfolgreicher« wurde. Wenn das so war, dann hätten wir gute Gründe für die Annahme, daß das heutige Massenaussterben – worauf noch ausführlich einzugehen sein wird – nur der Gipfel einer schon länger andauernden Zerstörung vieler Arten durch den Menschen ist.

Wir müssen hier jedoch unterscheiden zwischen dem »natürlichen« Aussterben von Arten und deren *Ausrottung* durch den Menschen. Wie etwa Willi Ziegler betonte, geschieht es derzeit zum ersten Mal in der Erdgeschichte, daß eine *einzige Art* das Massenaussterben von anderen Arten verursacht. Daher ist es richtig, im Sinn von Autoren wie G. M. Aitken, das Aussterben aufgrund *anthropogener* Ursachen, also aufgrund menschlicher Einflüsse, von allen bisherigen Phasen des Massenaussterbens »logisch« zu unterscheiden. Aber davon später.

Warum kam es in der Erdgeschichte wiederholt zu Katastrophen? Nach Ansicht des amerikanischen Paläontologen S. M. Stanley war ein Klimawechsel zwar bei weitem nicht der einzige, aber doch der bedeutendste Faktor dafür. Die Analyse der Ursachen für Massenaussterben gestaltet sich schwierig. Der Paläontologe D. H. Erwin erläutert anhand der größten Katastrophe, der vor zweihundertundfünfzig Millionen Jahren, den Faktorenkomplex, der hierfür verantwortlich gemacht werden kann. Zuerst sank der Meeresspiegel drastisch, was eine Zerstörung von vielen Lebensräumen an Küsten zur Folge hatte und zu einer Destabilisierung des Klimas führte. Da durch die Zerstörung der Lebensräume viel an organischem Material abgebaut wurde, sank der Sauerstoffgehalt der Atmosphäre, so daß der Kohlendioxidgehalt stieg und eine globale Erwärmung verursachte. Permanente Vulkanausbrüche über Jahrmillionen begünstigten langfristig die Erwärmung und brachten verheerende Folgen für die Ozonschicht mit sich. Schließlich bedeutete der erneute Anstieg des Meeresspiegels eine Katastrophe für Lebensgemeinschaften, die sich inzwischen an den Küsten und im Flachland entwickelt hatten.

Diese Analyse scheint zutreffend. Tatsache ist jedenfalls, daß sich jenes Massenaussterben nicht über Nacht abspielte, sondern mehrere Millionen Jahre in Anspruch nahm. Das gilt generell für die Katastrophen der Erdgeschichte. Man darf sie sich nicht wie einen Flugzeugabsturz oder den Abwurf einer Atombombe vorstellen, die schlagartig Lebewesen vernichten. Allerdings wurden in den letzten Jahren insbesondere für die fünfte Auslöschung (Aussterben der Dinosaurier) wiederholt extraterrestrische Ereignisse ins Treffen geführt, die einiges für sich haben. Demnach schlug damals ein riesiger Asteroid von über acht Kilometern Größe ins Meer ein und verursachte Flut- und Sturmwellen, den kurzfristigen Ausfall der Photosynthese und einen Zusammenbruch der Nahrungsketten, was zum Aussterben vieler Tier- und Pflanzenarten führte. Der Einschlag des Asteroiden erfolgte zwar blitzartig, aber die Folgen für die Lebewesen zeichneten sich erst allmählich ab, womit auch das Aussterben der Saurier seine Zeit in Anspruch nahm.

Nun brauchen wir uns nicht zu beunruhigen, wenn die Analysen der Phasen des Massenaussterbens bzw. deren Interpretationen heute noch oft einander widersprechen. Die Interpretationen ändern nichts daran, daß ein Massenaussterben in der Evolution mehrmals stattgefunden hat und sich die Erdgeschichte insgesamt als Katastrophengeschichte darstellt. Die Evolution kann uns heute nicht mehr als ein Vorgang erscheinen, der allmählich, Schritt für Schritt, zur Bildung immer neuer Arten führte. Sie ist vielmehr als ein Prozeß zu beschreiben, der auch großräumige Katastrophen und die gleichzeitige Vernichtung unzähliger Spezies einschließt. Seit Menschengedenken wird in Mythen die Vernichtung der Erde und der Lebewesen beschrieben, verschiedene Kulturen haben ihre »Sintflut-Theorien« hervorgebracht. Dunkle Ahnungen müssen wir von wissenschaftlich beweisbaren Ereignissen streng auseinanderhalten, aber vielleicht reflektieren unsere Mythen in verzerrter Form nur reale Ereignisse, und vielleicht ist die düstere Sehnsucht des Menschen nach Untergängen nur Ausdruck jener bislang nicht wirklich ergründeten Gesetzmäßigkeit, wonach großräumige Zerstörungen von Zeit zu Zeit tatsächlich auftreten. Selbstverständlich eignet sich dieses Thema herrlich zum Spekulieren.

Zu den Auffälligkeiten der großen Katastrophen in der Erdgeschichte zählt jedenfalls der Umstand, daß sie meist gleichzeitig das Festland und das Meer erfassen – nach Stanley ein weiteres Argument für die überragende Bedeutung des Klimafaktors. Die Veränderungen des Erdklimas sind allerdings keine neue Erkenntnis. Die Disziplin der *Paläoklimatologie*, die sich mit dem Klima in prähistorischer Zeit befaßt, reicht in Ansätzen ins 18. Jahrhundert zurück, und in einer zu Beginn dieses Jahrhunderts erschienenen Einführung in diese Disziplin schreibt Wilhelm R. Eckardt (seinerzeit Assistent am Meteorologischen Observatorium in Aachen): »Gleich wie die Pflanzen-, so zeigt auch die Tierwelt unwiderleglich, daß zu verschiedenen geologischen Perioden das Klima und mit ihm die Organismen derselben Gegenden öfters regellos wechselten« (1910, S. 135). Ob dieser Wechsel tatsächlich »regellos« erfolgte oder in bestimmten Intervallen, darüber streiten sich heute noch die Geister.

Unsere Erde ist seit ihrer Entstehung vor über vier Jahrmilliarden niemals zur Ruhe gekommen und ist ein dynamisches System, von dessen Schwankungen auch die Organismen jeweils betroffen sind, oft auf dramatische Weise. Die Phasen des Massenaussterbens machen überdies deutlich, daß die Erde ihren Bewohnern keineswegs immer eine freundliche Heimat bietet. Die auf ihr waltenden Kräfte bilden für die Organismen größte Gefahren, denen unzählige Arten nicht gewachsen sind. Insoweit wird uns die Farce des Lebens besonders deutlich. Die Lebewesen müssen beständig gegen die Bedrohungen von seiten ihrer unbelebten Umwelt kämpfen – ein Kampf, bei dem sie häufig von vornherein schon die Verlierer sind. Gleichzeitig sind sie einander auch nicht freundlich gesinnt. Man bedenke unter diesen Voraussetzungen einmal, daß in der Evolution viele Hundert Millionen von Organismenarten hervorgebracht worden sind! Welch enorme Triebkraft hat die Evolution da entfaltet! Das klingt jetzt freilich so, als ob es eine dem Leben übergeordnete Kraft gäbe, ist aber nicht so gemeint. Was im Leben »wirkt«, ist der schon erwähnte »Drang« aller Lebewesen, sich zu reproduzieren, sozusagen Kopien ihrer selbst anzufertigen. Das ist der ganze Zauber der Evolution, die durch den Mechanismus der natürlichen Auslese von den unzähligen der jeweils angefertigten Kopien manche begünstigt, andere nicht.

Die genannten fünf (oder sechs) Katastrophen der Erdgeschichte sind nur die größten Krisen der Evolution des Lebenden auf der Erde. Es gab noch mehrere kleinere Katastrophen, und es ist damit zu rechnen, daß in Zukunft weitere Katastrophen aus der Vergangenheit der Erde entdeckt werden, die mehr oder weniger tiefgreifende Einschnitte in die Evolution des Lebens markieren.

Viele, wenn nicht die meisten Menschen sind gewohnt, Evolution als »Aufstieg des Lebens« zu betrachten, ohne zu erkennen, daß es sich dabei um einen »Zickzackweg« handelt, »daß sich die Erde mit ihren Bewohnern nicht geradlinig, schrittweise zu immer größerer Stabilität entwickelt hat und entwickelt, sondern daß Katastrophen und Krisen untrennbar mit der Evolution verbunden sind« (F. M. Wuketits, *Naturkatastrophe Mensch*, S. 187). Die bisher bekannten Phasen des Massenaussterbens in der Evolution sind ein untrügliches Zeugnis für das Zerstörungspotential der Natur, das sich mithin auf unterschiedlichen Ebenen, in unterschiedlichen Bereichen deutlich manifestiert: vom Kollaps der Sterne bis zum Untergang von Organismenarten. Dabei hat, wie man sieht, nichts wirklich Bestand, eine über viele Jahrmillionen die Szene dominierende Tierklasse kann relativ schnell abtreten. Wir Menschen sind gewohnt, mit »schnell« Zeitdimensionen von Stunden, Tagen oder Wochen, vielleicht noch Jahren zu verbinden, aber die Entwicklungsgeschichte der Erde hat sich in ganz anderen Zeiträumen abgespielt, so daß die Vernichtung von Arten innerhalb weniger Jahrmillionen als dramatisches Ereignis der Evolution einzustufen ist. So gesehen ist die Erdgeschichte, die Evolution des Lebendigen ein einziges Drama, eine Katastrophengeschichte, die sich wahrscheinlich dem Vorstellungsvermögen der meisten Menschen entzieht.

... aber das Leben ging weiter

Doch scheinbar unberührt von allen Desastern ging die Evolution der Organismen auf der Erde bisher immer weiter, in keine bestimmte Richtung zwar, aber es entstanden stets neue Arten, die sich dann ihrerseits mehr oder weniger lang bewähren konnten. »Natürliche Selektion allein hatte mehr als genug Zeit, um neue Organismentypen hervorzubringen« (E. O. Wilson, *Der Wert der Vielfalt*, S. 120). Man muß dabei immer an die enormen Zeiträume denken, die seit der Entstehung des Lebens vergangen sind. Kein Wunder, daß man sich die längste Zeit Evolution überhaupt nicht vorstellen konnte und den Schöpfer für die Vielfalt der Arten verantwortlich machte.

Die sechs biblischen Schöpfungstage datierte man noch im 17. Jahrhundert meist nur etwa sechs Jahrtausende zurück. Erst im 18. und 19. Jahrhundert wurden die geologischen Zeiträume deutlich erweitert und immer realistischere Vorstellungen vom Alter der Erde gewonnen. Wissenschaftshistorische Werke – z. B. die Bücher von Peter J. Bowler und Helmut Hölder – geben nähere Auskünfte über diese interessanten Entwicklungen im Wandel unseres Weltbildes.

So dachte man im späten 18. Jahrhundert vereinzelt an siebzigtausend Jahre als den Zeitraum, der seit der Entstehung der Erde vergangen ist, und etwa hundert Jahre später standen schon zwischen hundert Jahrmillionen und über eine Milliarde Jahre dafür zur Debatte. Doch noch um die Mitte des 20. Jahrhunderts gaben einige Autoren – unter ihnen Carl Friedrich von Weizsäcker – »nur« drei Milliarden Jahre als mutmaßliches Alter der Erde an. Unsere heutige Kenntnis, wonach die Erde vor knapp fünf Jahrmilliarden entstand, ist also sehr jungen Datums. Doch Spekulationen über Katastrophen in der Erdgeschichte waren zu allen Zeiten beliebt – ganz gleich, in welchen Zeiträumen man dachte. Die Frage dabei war auch die, ob irgendeine der Katastrophen *alle* Lebewesen auf der Erde vernichtet hatte, wonach eine völlige Neuschöpfung stattgefunden haben mußte, oder ob stets einige Lebewesen erhalten blieben.

Die in unserem Kulturkreis bekannteste »Katastrophengeschichte« ist die Sintflut der Bibel, die als Strafe Gottes über die sündigen Menschen verhängt wurde und von der – wegen seiner Frömmigkeit – nur Noah mit seiner Familie verschont blieb. Dieser Geschichte zufolge baute Noah, wie erinnerlich, seine Arche, in die er auch je ein Paar von allen Tieren mitnahm, so daß die Kontinuität des Lebens jedenfalls gewährleistet war. Der biblische Bericht von der Sintflut sollte bis ins 19. Jahrhundert hinein auch das naturwissenschaftliche Weltbild beeinflussen. Die bekannteste *Katastrophentheorie* in der Geschichte der Geologie und Paläontologie stammt von dem großen französischen Naturforscher Georges de Cuvier (1769–1832) und war lange Zeit Gegenstand teils heftiger Auseinandersetzungen. Cuvier gilt als der Begründer der Paläontologie und vergleichenden Anatomie, dachte aber noch nicht an die Möglichkeit einer Evolution der Organismen durch natürliche Kräfte. Als ausgezeichneter Kenner vieler fossiler Lebewesen war ihm allerdings klar, daß viele Tiere in der Vergangenheit ausgestorben sein müssen. Dafür nahm er in größeren Zeitabständen plötzlich auftretende lokale Katastrophen an, die die jeweilige Fauna vernichtet haben sollen. Nach den Katastrophen, so meinte er, seien aus anderen Gebieten wieder Tiere eingewandert. Cuvier dachte also nicht, daß Katastrophen jeweils die *ganze* Tierwelt vernichtet haben.

Tatsächlich würde die Annahme, daß eine Katastrophe in der Erdgeschichte sämtliche Lebewesen zerstört hat, eine von zwei Schlußfolgerungen erzwingen: Entweder liegt es in der Allmacht Gottes, Leben mehr als einmal zu erschaffen, oder es kam aufgrund natürlicher Ursachen zu einer mehrmaligen Entstehung von Leben.

Gott brauchen wir vor dem Hintergrund der heutigen naturwissenschaftlichen Erkenntnisse nicht mehr zu bemühen. Daß das Leben auf der Erde in der zur Verfügung stehenden Zeit von knapp fünf Jahrmilliarden durch natürliche Faktoren mehrmals entstanden sein und die Evolution mehr als einmal begonnen haben könnte, dürfen wir als Möglichkeit ebenso vergessen. Schon die einmalige Entstehung des Lebens auf unserem Planeten war ein grandioser Zufall.

Tatsache ist also, daß eine große Anzahl von Arten jeder der erdgeschichtlichen Katastrophen zum Opfer fiel, daß aber eine bestimmte Zahl von Spezies immer überlebte und so den Fortgang der Evolution nach stets den gleichen Prinzipien gewährleistete. Dem Schicksal der Erde aber kann das Leben nicht grundsätzlich entrinnen. Es sei denn, wir nehmen – wie Wolfgang F. Gutmann und Karl Edlinger – ernsthaft eine Abkoppelung der

Entwicklung des Lebens von der Erdgeschichte an und betrachten Organismen als autonome Systeme, die zwar ihre Umwelt energetisch nutzen, ansonsten aber von ihr unberührt sind. Zweifelsohne sind Lebewesen aktive Systeme, denen ein gewisser Grad an Autonomie nicht abzusprechen ist, und es ist nicht zu leugnen, daß ihre Entwicklungsgeschichte das Antlitz unseres Planeten entscheidend geprägt hat. Aber sie bestimmen ihr Schicksal nicht allein, sondern fallen fortgesetzt den geologischen und klimatischen Bedingungen dieses Planeten zum Opfer.

Zwei Aspekte der Evolution sind in diesem Zusammenhang jedenfalls faszinierend. Zum einen scheint Evolution nicht immer nach den Vorstellungen Darwins und vieler anderer Evolutionstheoretiker abzulaufen, nämlich langsam, Schritt für Schritt, sondern es scheint Phasen der relativen Stagnation ebenso gegeben zu haben wie Phasen der »rasanten« Entwicklung. Seit den siebziger Jahren wurde vor allem von seiten einiger amerikanischer Paläontologen die Theorie der »unterbrochenen Gleichgewichte« (*punctuated equilibrium*) vertreten, die freilich nicht von allen Evolutionstheoretikern freudig aufgenommen wurde, aber eine wichtige Diskussion in Gang setzte. Stephen J. Gould, einer ihrer glühendsten Vertreter, bemerkte in einem 1982 erschienenen Aufsatz, die evolutionäre Welt, die diese Theorie entwirft, sei sehr verschieden von traditionellen paläontologischen Auffassungen einschließlich der Auffassung Darwins. Inwiefern? Sie läßt »Sprünge« in der Evolution zu und erschüttert das Bild einer kontinuierlichen Entwicklung. Aber das sollte uns gar nicht so sehr aufregen. Wie bereits auf S. 58 gesagt wurde, ist das unterschiedliche »Alter« von Arten seit langem bekannt, und warum sollte sich die Evolution des Lebenden – eingedenk der dynamischen und katastrophalen Entwicklungsgeschichte der Erde – sozusagen gemächlich, immer langsamen Schrittes abspielen! »Sturm-und-Drang-Perioden« wechseln, wie Matthias Glaubrecht bemerkt, ruhige Phasen mit langsamen Veränderungen immer wieder ab. Was uns dabei in der Retrospektive als »sprunghafte« Entwicklung erscheint, ist in Wahrheit natürlich nur im Hinblick auf die ansonsten noch viel längeren Zeiträume, in denen evolutive Änderungen stattfinden, zu sehen. Wenn sich innerhalb einiger Jahrmillionen in der Evolution etwas ändert, kommt das geradezu einer Explosion gleich. Das Bild einer kontinuierlichen Evolution ist vielen Menschen wohl aus psychologischen Gründen lieber als »unterbrochene Gleichgewichte«. Kontinuität beruhigt und macht die Dinge für uns berechenbar. Wer oder was in der Evolution sollte sich jedoch darum kümmern, was uns beruhigt oder beunruhigt?

Der zweite interessante Aspekt, dem wir hier einige Gedanken widmen sollten, folgt aus dem Umstand, daß Evolution durch natürliche Auslese offenbar mit einer relativ kleinen Anzahl von Arten ebenso »funktionieren« kann wie mit einer sehr großen. Wie bemerkt, hat eine der Katastrophen in der Erdgeschichte bereits über achtzig Prozent aller Tierarten vernichtet. Es ist zwar schwer zu sagen, wie viele Arten vor dieser Katastrophe die Erde bewohnten, aber ein gewaltiger Einschnitt war das allemal. Für die Anfangsphasen der organischen Evolution dürfen wir mit nur relativ wenigen Arten rechnen. Zuerst gab es ja bloß Bakterien oder diesen ähnliche Lebewesen, also Einzeller, und dabei blieb es auch eine unvorstellbar lange Zeit. Erste vielzellige Lebewesen dürften vor ein bis zwei Jahrmilliarden aufgetreten sein – diese Ungenauigkeit rührt daher, daß es über lange Phasen der Erdgeschichte nur sehr spärliche Fossilfunde gibt. Die meisten der uns heute näher bekannten Stämme und Klassen von Pflanzen und Tieren sind seit dem Kambrium, der ältesten Periode des Paläozoikums, also seit etwas über fünfhundert Millionen Jahren nachgewiesen (siehe nochmals Abb. 10). Auch wenn man in Betracht zieht, daß die mangelhafte fossile Überlieferung früherer Perioden vielleicht über die tatsächliche Fülle präkambrischer Organismenarten hinwegtäuscht, dürfte es auf der Erde die längste Zeit doch ziemlich »langweilig« gewesen sein. Erst vor knapp vierhundert Millionen Jahren traten die ersten Lebewesen auf dem Festland auf, zunächst Pflanzen, dann Tiere, und selbst die erwähnten Phasen des Massenaussterbens fanden in dem relativ kurzen Zeitraum von einer halben Jahrmilliarde statt. Die Evolution brauchte offenbar ihre Zeit, um »richtig in Gang zu kommen«. Aber scheinbar kam sie erst »richtig in Gang«, als sich eine entsprechende Artenfülle entwickelt hatte. Vielfalt »beflügelt« die Evolution, und solange es nur Bakterien gab, konnte sich gar nichts Dramatisches abspielen. Doch Evolution bleibt Evolution, und natürlich müssen sich auf der Stufe der Einzeller schon bahnbrechende Ereignisse abgespielt haben, sonst wären nie vielzellige Organismen entstanden – und damit keine Wirbeltiere, keine Säugetiere, keine Primaten und keine Menschen. Vielleicht ist es gar nicht die Frage der Artenanzahl, sondern nur die Frage der (Evolutions-)Bedingungen, die uns interessieren sollte. Aber wir müssen das Problem im Auge behalten, denn im nächsten Kapitel steht das große Artensterben der Gegenwart zur Diskussion: Was wird passieren, wenn die Hälfte oder gar achtzig Prozent der Arten ausgestorben, also (von uns) ausgerottet sein wird? Wird sich die Organismenwelt wieder erholen, wie schon vor zweihundertundfünfzig Millionen Jahren? Oder bleibt ihr irgendwann doch sozusagen der Atem aus?

Bisher können wir eine klare Bilanz ziehen: Was auch immer geschah – Einschlag von Asteroiden, drastische Klimaänderungen, Eiszeiten usw. –, stets ging das Leben weiter, und es kommt dabei offenbar nicht auf einzelne Arten (oder gar Individuen) an. Solange noch irgendwas herumkriecht, solange noch irgendwelche Lebewesen da sind und etwas zu fressen finden, wirkt Evolution durch natürliche Auslese und schafft damit die Grundlage für die Entstehung weiterer Lebewesen. Das müßte uns ja fast optimistisch stimmen. Fragt sich nur, ob der Mensch damit zufrieden ist, die Entwicklungsgeschichte des Lebens auf der Erde als eine Folge von »Minimallösungen« zu sehen, als einen Prozeß der permanenten Zerstörung, in dem dann – bisher zumindest – stets bloß gerettet wurde, was zu retten war (und das nicht einmal mit Notwendigkeit). So wie es keinen vernünftigen Grund für die Annahme gibt, daß das Leben auf der Erde entstehen *mußte*, so gibt es auch kein vernünftiges Argument dafür, daß es weiterhin erhalten bleiben *muß*. Wir wissen nur, daß es sich seit seiner Entstehung erhalten *hat*. Wahrscheinlich wird seine Zukunft nicht unmaßgeblich von unserer eigenen Spezies abhängen.

Das Leben ging, trotz aller Katastrophen, stets weiter – ein trostreicher Gedanke, der zu dem paßt, was wir uns angesichts »kleiner« Katastrophen in unserem individuellen Leben sagen: Das Leben muß weitergehen, auch wenn einer unserer nächsten Verwandten stirbt oder unser Hund von einem Auto überfahren wurde; solange *wir* am Leben sind und bleiben, besteht Hoffnung, ist noch etwas zu tun, gibt es vielleicht noch erfreuliche Perspektiven . . . Es ist günstig für uns Menschen, daß wir so denken können und, was auch immer geschieht, in der Regel an unserem eigenen Leben »hängen« und versuchen, dieses sinnvoll zu gestalten. Aus unserer »Ameisenperspektive«, von unserer Lebenszeit, die sich gegen alle kosmischen und evolutionären Maßstäbe lächerlich ausmacht, zu schließen, daß das Leben insgesamt auf der Erde weitergehen *muß* und sich immer eine Lösung zu seinen Gunsten finden wird, wäre jedoch töricht. Die knapp vier Jahrmilliarden organischer Evolution auf unserem Planeten sind ja, verglichen mit dem Alter des Universums, wieder nur ein kurzer Zeitraum, der uns nicht erlaubt, zuverlässige Voraussagen über die Zukunft zu treffen. Und was sind die wenigen Jahrmillionen, die seit der Entstehung der Hominiden verstrichen sind? Ein winzig kleiner Zeitraum, der aber schon unseren »privaten« Zeithorizont überfordert.

Das Leben ging – bisher – immer weiter, aber diese an sich tröstliche Einsicht darf uns nicht über den Tribut hinwegtäuschen, den der »Weitergang« stets gefordert hat. Tote Individuen, erloschene Arten, Spuren längst vergangenen Lebens legen Zeugnis ab von einer insgesamt nicht sehr freundlichen Welt, die nun die einzige Spezies, die über all das kritisch nachzudenken in der Lage ist – *Homo sapiens* – freundlicher gestalten *könnte*. Was sie aber nicht tut.

Das Problem des Versagens in der Evolution hängt, wie Gordon R. Taylor bemerkt, mit dem Problem des Erfolgs eng zusammen. Das wird verständlich, wenn man sich daran erinnert, was ich in Kapitel 2 über die Not der Tauglichsten gesagt habe. Die Evolution kennt keine Patentrezepte. Zu ihren erstaunlichsten »Leistungen« aber gehört die, man möchte fast sagen, »Überproduktion« von Arten.

Wilson sagt in dem auf S. 98 zitierten Interview, die Frage, warum es so viele Arten gibt (und gab), sei eines der großen, noch ungelösten Rätsel der Biologie. Wahrscheinlich aber hängt die Artenvielfalt mit der ungeheuren ökologischen Dynamik auf der Erde zusammen, die unzählige Formen erzwingt oder auch nur begünstigt. Dazu ein Beispiel:

Zwar ist bei den wasserbewohnenden Wirbeltieren die annähernd stromlinienförmige Körperkonstruktion vorherrschend, aber im Wasser gedeihen auch so bizarr aussehende Spezies wie die Fetzenfische (Abb. 11). Diese Verwandten der Seepferdchen – welche ihrerseits nicht minder merkwürdige Geschöpfe sind und sich gut als Vorlage für Fabelwesen eignen – erinnern in keiner Weise an Fische. Den ersten Teil ihres Namens tragen sie allerdings mit einiger Berechtigung. Ihr Aussehen kann den Fetzenfischen aber gut als Tarnung dienen. Falls sie einem Raubfisch überhaupt den Eindruck vermitteln, Lebewesen zu sein, dann wird sie dieser doch eher in die Pflanzenwelt »einordnen« und mithin kein Interesse an ihnen haben.

Sicher entstanden die vielfältigen Formen der Lebewesen nicht einfach nur unter dem Druck der jeweiligen Außenwelt. Nicht alle Strukturen, Funktionen und Verhaltensweisen von Organismen sind daher als *Anpassungen* zu deuten. Sein »Bauplan« verleiht jedem lebenden System auch eine innere Dynamik und limitiert zugleich seine Entwicklungsmöglichkeiten. Eines ist freilich schon erstaunlich: Nach jeder der erwähnten erdgeschichtlichen Katastrophen entwickelten sich abermals weitere, neue Arten, und die Artenvielfalt wurde insgesamt größer und nicht geringer (vgl. Abb. 12). Leute, die an einen Fortschritt in der Evolution glauben, mögen denken: »Ja, das muß so sein, die größer werdende Artenvielfalt ist ein Ziel der Evolution.« Man kann es aber auch anders sehen. Je mehr Arten von der Evolution

Abbildung 11: Fetzenfisch

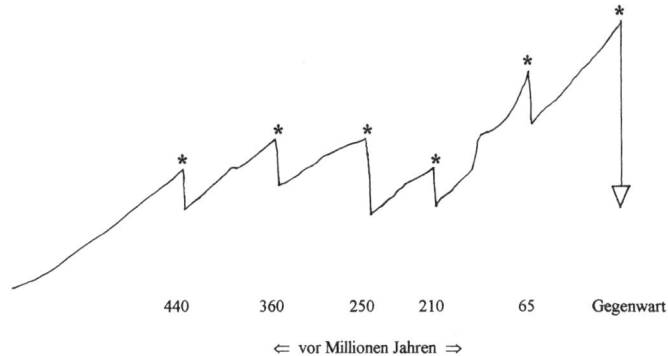

440   360   250   210   65   Gegenwart

⇐ vor Millionen Jahren ⇒

Abbildung 12: Wachsende Artenvielfalt nach jeweiligen Katastrophen

hervorgebracht werden, um so mehr werden aussterben. Welche Verschwendung von Leben!

Nicht zuletzt ist die Frage interessant, warum selbst in ein und demselben Lebensraum meist relativ viele Arten existieren. Warum gibt es in der Nordpolarregion nicht nur Eisbären und eine Art von Robben? Warum gibt es (auf der Seite der Räuber) beispielsweise auch Polarfüchse? Und warum gleich mehrere Spezies von Robben? Dabei ist der arktische Lebensraum ohnehin alles andere als ein Schlaraffenland. Die Mechanismen der Artbildung sind uns heute zwar gut bekannt, aber warum es tatsächlich so viele Spezies gibt – wie viele, werden wir im nächsten Kapitel noch sehen –, das ist eine Frage mit vielen Facetten, die noch weitere Aufgaben für die Evolutionsbiologie bereithält. Grundsätzlich gilt: Je vielfältiger ein Lebensraum, um so größer die Artenvielfalt. Diese ist daher in den tropischen Regenwäldern ungleich größer als in den Polarregionen.

»Gewalttätige Natur, unverwüstliches Leben« – so umschreibt E. O. Wilson das erste Kapitel seines Buches *Der Wert der Vielfalt*. Das scheint in Anbetracht der Katastrophen der Erdgeschichte eine treffende Umschreibung der Situation. Aber man wird dabei leicht zu falschen Assoziationen verleitet. Das Leben selbst ist überaus gewalttätig. Die Lebewesen haben nicht allein gegen die Gefahren und Katastrophen ihrer abiotischen Umwelt anzu-

117

kämpfen, sondern stellen füreinander größte Gefahren dar. Und wenn von Lebensräumen die Rede ist, dann muß man sich selbstverständlich vergegenwärtigen, daß alle in einer bestimmten Region existierenden Organismenarten auch füreinander den Lebensraum bilden. Lebewesen sind also, wenn man so will, Opfer und Täter zugleich.

Das Auftreten des Menschen

Als Hominiden auf der Bühne der Evolution erschienen, war ihre Situation nicht besser oder schlechter als die anderer Organismen. Sie versuchten zu leben und zu überleben – wie alle anderen Spezies auch. Doch war damals, vor vier oder fünf Jahrmillionen, natürlich nicht abzusehen, daß sie die nächste große Katastrophe in der Erdgeschichte verursachen würden. Um die Entstehung und Evolution der Hominiden einschließlich unserer eigenen Spezies zu verstehen, bedarf es keiner speziellen Theorie. Wie Winfried Henke und Hartmut Rothe in einem inhaltsreichen Übersichtsbeitrag zur Menschwerdung aus paläoanthropologischer Sicht darlegen, reichen die allgemeinen Erkenntnisse der Evolutionsbiologie dafür aus. Das ist für viele Menschen nach wie vor eine große Beleidigung. Unsere Spezies ist die einzige, die sich auf ihre Existenz etwas einbildet. Zwar ist es nicht Zielvorgabe dieses Buches, das alte Thema »Sonderstellung des Menschen« zu behandeln, aber einige Gedanken dazu sind auch an dieser Stelle durchaus angebracht.

Man stelle sich einmal vor, Spechte könnten ihre Existenz bewußt reflektieren und sich mit anderen Tieren vergleichen. Wohlgemerkt, die Spechte nehmen in der biologischen Systematik den gleichen Rang ein wie die Hominiden, sie bilden eine Familie[5], die jedoch über zweihundert rezente Arten umfaßt, während die Hominiden derzeit nur durch eine Spezies, *Homo sapiens*, vertreten sind. Aber die Artenzahl spielt für diesen Vergleich keine Rolle. Spechte können auf Baumstämmen her-

---

5 Die wichtigsten systematischen Kategorien, sozusagen von unten nach oben, sind Art (*Spezies*), Gattung (*Genus*), Familie (*Familia*), Ordnung (*Ordo*), Klasse (*Classis*), Stamm (*Phylum*) und Reich (*Regnum*).

vorragend hinauf- und hinunterklettern und schaffen es, mit ihren Schnäbeln Baumstämme auszuhöhlen, unter der Rinde Futter zu finden und Bruthöhlen für ihren Nachwuchs zu bauen. Das sind Leistungen, die kein Hominide je zu vollbringen in der Lage war. Müßte also ein Specht nicht denken, daß er etwas Besonderes sei? Daß ihm eine Sonderstellung in der Natur zukommt? Zwar gibt es Tiere, Vögel, die den Spechten ähnliche Eigenschaften entwickelten, es aber mit dem Aushöhlen lebender Baumstämme eben nicht so weit gebracht haben wie diese. Warum sprechen wir dann von der »Sonderstellung des Menschen«, aber so gut wie nie von der »Sonderstellung der Spechte«?

Der Mensch hat die längste Zeit seine Herkunft verleugnet und die Leistungen anderer Lebewesen geschmälert. Biologisch gesehen nimmt er keine Sonderstellung in der Natur ein, er verfügt bloß über spezifische Merkmale; aber jede Art hat ihre typischen Eigenschaften, die sie von allen anderen Arten unterscheiden.

Durch die Entwicklung seiner Technologie hat der Mensch jedoch Dimensionen erreicht, an die bisher *keine* Organismenart herankam. Er übt auf andere Arten auch den denkbar größten Einfluß aus. Die von Elefanten entwurzelten Bäume und zertrampelten Sträucher sind, verglichen mit den vom Menschen gerodeten Wäldern, nicht der Rede wert; die Wirkung, die Biber durch ihre Dämme auf fließende Gewässer ausüben, verblaßt im Vergleich zu den Folgen, die vom Menschen errichtete Staudämme nach sich ziehen; und die Verwüstungen, die ein Heuschreckenschwarm anrichtet, sind nicht zu vergleichen mit der Katastrophe, die ein Atombombenabwurf verursacht (vor allem, wenn man sich dessen Langzeitfolgen vor Augen führt). Es ist an der Zeit, mit zwei illusionären Vorstellungen aufzuräumen, die sich in vielen Köpfen eingenistet haben und hartnäckig fortleben, als ob wir nichts über die Natur und über uns selbst gelernt hätten.

Der Mensch ist nicht *der* Naturzerstörer. Indem er sich Ressourcen sichert, tut er nichts anderes, als alle Organismenarten immer getan haben: Er beutet seine Umgebung aus. Das ist also in der Evolution nichts Neues, nur sind die Dimensionen der Ausbeutung durch den Menschen ganz andere als bei den übrigen Spezies. Ohne die Sorglosen unter uns unterstützen zu wollen, bemerkt Bernhard Verbeek darüber hinaus, daß es fast immer Lebewesen gibt, die von der durch den Menschen zerstörten Natur sogar profitieren: »Die Elstern von den überfahrenen Tieren, die Möwen von den riesigen Müllkippen, die Steppenvegetation vom Sterben des Waldes, Wüsten- und Meeresorganismen von einer Klimaerwärmung« (1998, S. 9). Aber davon später. Der Mensch verhält sich jedenfalls nicht »widernatürlich«, er folgt einem dem Verhalten aller Organismenarten zugrunde gelegten Muster. Nur diejenigen, die an einer »absoluten Sonderstellung« des Menschen festhalten, können diesen Umstand übersehen. Das ändert freilich nichts daran, daß die Auswirkungen dieses Verhaltens beim Menschen katastrophale Ausmaße erreicht haben.

Der prähistorische Mensch kann *kein* Naturschützer gewesen sein. Naturschutz ist gewissermaßen ein Luxus, den sich – wie bereits auf S. 14 bemerkt wurde – nur eine Zivilisation mit ausgeklügelter Technologie leisten kann, eine Zivilisation, die die Grundbedürfnisse ihrer Mitglieder zu befriedigen vermag, welche sich dann erlauben können, weit über ihre nackte Existenz hinaus über die Natur nachzudenken. »Zurück zur Natur«, um nochmals Rousseaus Parole zu bemühen, hieße also letzten Endes, »Zurück zum Kampf ums nackte Überleben« – dieser Kampf aber konnte kaum jemals Rücksichtnahme auf andere Arten bedeuten.

In diesem Zusammenhang wird gerne darauf hingewiesen, daß außereuropäische Völker ein Nahverhältnis zu der sie umgebenden Natur haben und daher sorgsam mit Lebewesen umgehen. Das stimmt freilich nur, wenn man beide Augen fest zudrückt und bereit ist, alle Schuld auf den »zivilisierten Menschen« zu laden. Mehrere Beispiele zeigen, daß sich in vielen Fällen der von der Zivilisation unberührte Mensch nicht wesentlich anders verhält als der zivilisierte.

Neuseeland war einst die Heimat der *Moas*. Diese bis über drei Meter großen flugunfähigen, straußenähnlichen Vögel waren auf der Insel in dreizehn Arten vertreten. Darunter befanden sich Giganten von über zweihundert Kilogramm Körpergewicht. Als die *Maoris* vor ungefähr tausend Jahren von den polynesischen Inseln im Norden auf Neuseeland eintrafen, begannen sie, diese Tiere massenhaft abzuschlachten. Im 17. Jahrhundert schließlich verschwand der Riesen-Moa (*Diornis maximus*) zusammen mit seinen kleineren Schwesterarten endgültig von der Bildfläche. Gemeinsam mit anderen Beispielen zeigt dieses dramatische Ereignis, daß – wie Wolfgang Engelhardt betont – nicht nur industrialisierte Gesellschaften am Verschwinden von Tierarten beteiligt sind. E. O. Wilson (*Der Wert der Vielfalt*) weist darauf hin, daß nach der Ankunft der *Aborigines* in Australien vor etwa dreißigtausend Jahren mehrere Großsäugetiere verschwanden, beispielsweise der Beutellöwe, bodenbewohnende Faultiere und andere. Wilson argumentiert vorsichtig und meint, der Anteil der Aborigines am Aussterben dieser und anderer Arten sei nicht deutlich zu erkennen, da Australien seinerzeit auch von schweren Dürreperioden heimgesucht wurde. Aber es ist bekannt, daß die Aborigines geschickte Jäger sind und große Flächen mit Trokkenvegetation abbrennen. Naturschützer im engeren Sinn sind auch sie offenbar nie gewesen.

Was dem Menschen maßgeblich geholfen hat, sich in der Natur zu behaupten, ist sein *Gehirn*. In der Stammesgeschichte der Hominiden hat sich die Gehirngröße praktisch verdreifacht. Die ältesten Hominiden, die Angehörigen der Gattung *Australopithecus*, die vor etwa vier bis fünf Millionen Jahren auftrat, hatten eine Gehirngröße von ungefähr fünfhundert Kubikzentimetern. Das entspricht im wesentlichen der Gehirnkapazität der Schimpansen. Mit der Gattung *Homo* – ich komme gleich darauf zurück – setzte aber eine ungeheure Beschleunigung der Gehirnentwicklung ein. Die rapide Vergrößerung des menschlichen Gehirns gibt zu vielen Überlegungen (auch Spekulationen) Anlaß. Robert D. Martin vertritt die Auffassung, daß die Ursache für das Gehirnwachstum beim Menschen die maximal mögliche Energieversorgung ist:

Daß das Gehirn blattfressender Primaten relativ klein ist, erklärt sich nach meiner Hypothese aus der begrenzten Energie, die der mütterliche Organismus bei solcher Kost bereitzustellen vermag. All die Korrelation zwischen Hirngröße und Ernährungsweise, Gruppenstärke und anderen Faktoren wie Mobilität und Aktionsradius oder Fortpflanzungsstrategien können als indirekter Ausdruck der entscheidenden Verfügbarkeit von Energie betrachtet werden ... Es versteht sich, daß ausgeklügeltere Strategien der Futtersuche und komplexere soziale Verhaltensweisen eher bei Tieren mit größerem Gehirn auftreten (1996, S. 8).

Womit wir wieder beim Fressen wären. Freilich erlaubt umgekehrt ein größeres Gehirn, verbunden mit höheren Intelligenzleistungen, auch eine bessere Nutzung von Ressourcen, so daß eine Begünstigung von großen Gehirnen durch die Selektion durchaus naheliegend ist.

Mit dem Auftreten der Gattung *Homo* erfolgten in der Evolution der Menschenartigen verschiedene wichtige Neuerungen. Diese Gattung trat vor etwa zwei Millionen Jahren auf und wurde mit der Spezies *Homo erectus* zum Vorfahren der heutigen Menschheit (Abb. 13). Die Angehörigen dieser Spezies hatten ein

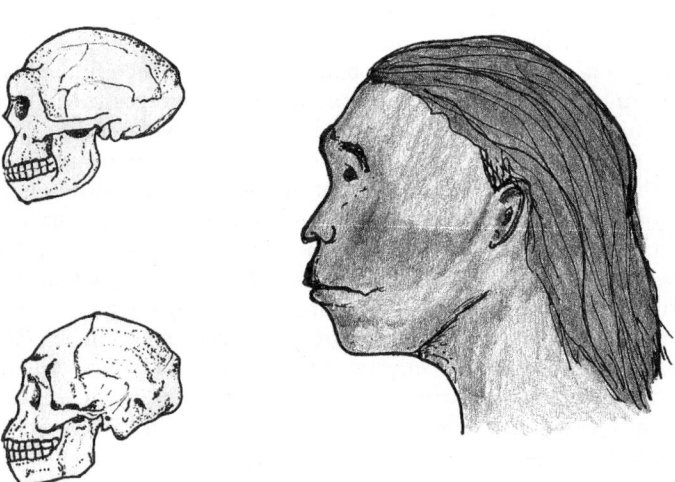

Abbildung 13: Schädel des Homo erectus (links oben)
Früher Homo sapiens (links unten)
Rekonstruktion des Homo erectus (rechts)

deutlich größeres Gehirn als die der diversen Arten des *Australopithecus* und waren erfolgreiche Jäger. Auf der Stufe des *Homo erectus* wurde auch das Feuer »erfunden« – ein denkbar wichtiger Schritt. Denn die Beherrschung des Feuers gewährte nicht nur Schutz vor Kälte, sondern half auch, Raubtiere zu vertreiben, und ermöglichte schließlich die zuvor (und allen anderen Spezies bis heute) unbekannte *Nahrungszubereitung*. Dennoch verlief die

Evolution der Hominiden auf dem Niveau des *Homo erectus* verhältnismäßig unspektakulär. Ein wirklich dramatischer Wandel setzte, wie beispielsweise auch der Anthropologe Günter Bräuer ausführt, vor rund vierhunderttausend Jahren mit dem Übergang zum *Homo sapiens* ein.

Dieser Wandel führte vor etwa hundertdreißigtausend Jahren zum Auftreten des berühmten Neandertalers, der aber nicht der primitive Trottel war, als den man ihn die längste Zeit hinstellte. Wohl zeigt der Neandertaler verglichen mit dem »modernen« Menschen einige archaische Züge in seinem Körperbau, war aber speziell an das unfreundliche eiszeitliche Klima angepaßt. Die Ursachen seines ziemlich abrupten Verschwindens vor fünfunddreißigtausend Jahren sind immer noch nicht ganz klar. Da dieses Verschwinden aber zeitlich mit dem Auftreten des modernen Menschen, *Homo sapiens sapiens*, zusammenfällt, liegt die Vermutung nahe, daß er von diesem verdrängt wurde – wahrscheinlich ein düsteres Kapitel unserer Evolution.

Der heutige *Homo sapiens* ist also das Resultat einer langen und komplizierten Entwicklung, der Fossilienjäger ebenso wie Molekularbiologen und Vertreter anderer biologischer Disziplinen immer wieder neue Facetten hinzufügen. Mit *Homo sapiens* ist jedenfalls eine Art aufgetreten, die zwar körperlich vielen anderen Spezies unterlegen ist, durch ihre überragende Intelligenz – eine Folge des enormen Gehirns, welches dreimal so groß ist wie das des Schimpansen oder des *Australopithecus* - jedoch neue Wege der Lebensbewältigung einzuschlagen vermochte. Mit ihren Werkzeugen, die immer komplizierter und raffinierter wurden, kann sich unsere Spezies optimal vor anderen Arten schützen und die Ressourcen ebenso optimal nutzen.

Die längste Zeit ihrer Evolution waren die Hominiden jedenfalls auf die Nahrung ihrer Umgebung angewiesen, führten somit eine *aneignende* Lebensweise. Was nochmals darauf hinweist, daß sie mit anderen Spezies um Nahrung konkurrierten und keine Naturschützer gewesen sein können. Erst vor etwa zwölftausend Jahren gingen sie zur *produzierenden* Lebensweise über. Daß diese Entwicklung nicht überall auf der Welt gleichzeitig einsetzte und höchst unterschiedlich verlief und daß manche Völker weiterhin, bis heute als Jäger und Sammler leben, darf natürlich nicht übersehen werden. Jared Diamond befaßt sich ausführlich mit diesen Entwicklungsunterschieden und führt sie auf geographische und klimatische Faktoren zurück. Diese Aspekte näher zu behandeln, liegt nicht in der Absicht des vorliegenden Buches. Wir müssen indes zur Kenntnis nehmen, daß die Industriegesellschaften europäischer Prägung auf der Erde dominierend geworden sind. Die Europäer haben allen Kontinenten ihren unverwechselbaren Stempel aufgedrückt und viele Völker unterjocht und zurückgedrängt. Es kann hier nicht darum gehen, ein Schuldbekenntnis abzulegen und alle anderen Völker im Gegensatz zu den Europäern als »die Guten« hinzustellen. Eroberungsfeldzüge haben beispielsweise auch die Mongolen unter Dschingis-Khan unternommen. Zweifelsohne waren aber die Europäer die erfolgreichsten. Das sie dabei viele Greueltaten zu verantworten haben, ist natürlich nicht zu leugnen.

In der Evolution der Hominiden von prähistorischer Zeit bis heute ist insgesamt jener Trend zu beobachten, der auch für andere erfolgreiche Arten charakteristisch ist: Stets verdrängen diejenigen, die effektive Methoden der Ausbeutung von Ressourcen entwickelt haben, andere, deren Strategien – beispielsweise Jagdmethoden – nicht so wirksam sind. So wie Füchse ihren Verwandten, Kojoten, zum Opfer fallen (vgl. S. 77), so hat auch unsere Spezies von anderen, mit ihr verwandten Arten stets Opfer gefordert. Die großen Menschenaffen wurden von ihr zurückgedrängt, teils so drastisch, daß inzwischen Schutzprogramme erforderlich sind, wenn sie nicht verlorengehen sollen. Und innerhalb unserer Spezies haben Populationen mit technischen Kenntnissen stets diejenigen unterdrückt, verdrängt oder ausgerottet, die über solche Kenntnisse nicht verfügten.

Ich betone es noch einmal: Das Auftreten des Menschen und seine Entwicklung zeigen alle Züge, die in der Evolution schon zuvor bekannt waren – nur die »Mittel« sind andere geworden. Selbst die Sklaverei hat nicht der Mensch erfunden. In einem Artikel aus dem Jahr 1975 berichtet E. O. Wilson von Ameisenarten, die in die Nester anderer Arten eindringen und diese in die eigenen Nester verschleppen, wo sie als Arbeiter »eingesetzt« werden. Natürlich sind Menschen und Ameisen nicht wirklich miteinander zu vergleichen, da sie zu Klassen gehören, die stammesgeschichtlich weit voneinander entfernt sind. Außerdem sind Ameisen nicht mit einem menschlichen Bewußtsein ausgestattet. Selbstverständlich hat ihr Verhalten daher keinerlei ethische oder politische Implikationen. Aber so wie die »Versklavung« von Ameisen durch andere Ameisen nur einer der vielen Wege ist, die Lebewesen gehen, um sich Ressourcen zu sichern und erfolgreich fortzupflanzen, so sind auch die vielen Raubzüge des Menschen gegen seinesgleichen und andere Arten nur Mittel eines Lebewesens im Dienste des eigenen Lebens und Überlebens.

Es sollte überflüssig sein zu betonen, daß mit solchen Aussagen menschliches Verhalten nicht moralisch gerechtfertigt werden soll. Feststellungen über das tatsächliche Verhalten des Menschen als biologische Spezies sind nicht moralischen Wertungen gleichzusetzen. So kann es selbstredend *nicht* meine Absicht sein, dieses Verhalten in seinen mit Recht als »Abgründe« empfundenen Aspekten (Töten von Artgenossen, Auslöschung anderer Arten) *gutzuheißen.* Vielmehr geht es darum, diese Abgründe auszuleuchten und zu erkennen, warum sich der Mensch eben so und nicht anders verhält. Daß er sich als Gattung in die Katastrophengeschichte der Erde »gut« einfügt, mag als bloßer Zynismus angesehen werden; daß er nicht das erste und einzige Lebewesen ist, das zerstörerisch in seine Umgebung eingreift, wird man indes nicht leugnen können, wenn man ihn als ein Resultat der Evolution begriffen hat, in der sich seit Jahrmilliarden Leben und Tod mehr oder weniger die Waage halten.

Alle Prozesse in der Evolution, selbst die Vorgänge des Massenaussterbens, haben sich bisher jedoch relativ langsam abgespielt. Auch wenn man mit »unterbrochenen Gleichgewichten« und gelegentlich raschem evolutivem Wandel rechnet, bleibt die Evolution insgesamt doch ein ziemlich langsames Geschehen. Die etwa zwei Jahrmillionen, die seit der Entstehung der Gattung *Homo* verstrichen sind, sind ein sehr kurzer Zeitraum, und die knapp vierzigtausend Jahre, die *Homo sapiens sapiens* bisher auf der Erde weilte, sind auf der Zeitskala der Evolution eine praktisch unbedeutende Zeitspanne. Dennoch spielt sich in dieser Zeitspanne – mit immer höherer Beschleunigung – das größte Drama in der Entwicklungsgeschichte des Lebens auf der Erde ab.

Die Beschleunigung von Katastrophen

Wilhelm Bölsche (1861–1939) war einst ein vielgelesener Autor populärwissenschaftlicher Bücher über Naturgeschichte. Vielseitig wie er war, schrieb er über praktisch alle Themen auf diesem weiten Gebiet. Er ist heute noch lesenswert, nicht zuletzt deshalb, weil seine Werke den geistigen Horizont des späten 19. und frühen 20. Jahrhunderts gut wiedergeben. In seinem Buch *Die Eroberung des Menschen* beschrieb er die Menschheit als rastlos umherschweifend:

> Sie baut sich Tyrannenthrone über dampfenden Leichen; sie zerbricht als Buddha die Königskrone und entsagt; sie breitet als Christus die Arme aufs Kreuz; sie bohrt ihr Auge in die düstersten Nebelflecke des Alls, denkt Zeit und Raum, dringt in Zelle und Atom; und das eigentlich nur als kleinen Umweg zu dem einen Problem: über den eigenen Schatten zu springen.
> Sie ist nur der Spiegel des einzelnen dabei, diese Menschheit.
> . . .
> Die ganze Erfahrungskette des Lebens ist bloß ein ewiges Überraschtwerden durch allerhand, teils Tugenden, teils Dummheiten dieses Ich, von denen wir uns vorher nichts träumen ließen (1923, S. 6).

Die Einsicht ins eigene Bewußtsein war gewiß ein bemerkenswertes Ereignis in der Evolution. Dem Menschen ist die Fähigkeit eigen, sich bewußt Ziele zu setzen, Absichten zu verfolgen, in die Vergangenheit und in die Zukunft zu blicken. Kraft seines *Selbstbewußtseins* kann sich jeder einzelne Mensch von seiner Umgebung, seinen Artgenossen und anderen Lebewesen deutlich »abheben«. Er kann seine Ziele *bewußt* gegen die Interessen anderer Lebewesen verfolgen und durchzusetzen versuchen. Daher kann er auch enorme Katastrophen anrichten.

Mit der Entwicklung immer raffinierterer Jagdwerkzeuge wurden die Hominiden insbesondere auf der Stufe des *Homo sapiens* in die Lage versetzt, vor allem auch große Tiere, die ihnen körperlich auf jeden Fall überlegen waren, mehr oder weniger systematisch zu jagen. Die Herstellung von Jagdwerkzeugen ging dabei mit der Entwicklung immer besserer Kommunikationssysteme einher. Aus naheliegenden Gründen ist kollektives Jagen für alle

Beteiligten einträglicher und sicherer, wenn sie sich untereinander sprachlich verständigen können. Die Entwicklung der ar-
tikulierten Lautsprache war mithin für den evolutiven Erfolg unserer Spezies von großer Bedeutung. Eine Gruppe von Jägern, die
sich nur durch Gestik und Mimik und irgendwelche Grunzlaute
miteinander verständigen können, ist sicher im Nachteil gegenüber einer Gruppe, deren Mitglieder einander gezielt durch
sprachliche Kommunikation zu informieren in der Lage sind: Sie
können ihre Aktivitäten besser koordinieren, und sie können die
Arbeit besser aufteilen.

Es spricht einiges dafür, daß auf dem Niveau des *Australopithecus* nur ziemlich kleine Gruppen gebildet wurden, die
mangels geeigneter Waffen, Jagdstrategien und Kommunika-
tionsmöglichkeiten bloß kleine Tiere zu erlegen imstande waren.
Auch das »Aasfresser-Modell« hat einiges für sich. Kadaver natürlich gestorbener Tiere oder Reste von durch Raubtiere ge-
töteten Tieren müssen den frühen Hominiden willkommen gewesen sein, da diese Nahrungsressourcen ohne besonderes Risiko
genutzt werden konnten. Das Risiko, Großtiere zu jagen und zu
erlegen, konnte sich *Australopithecus* kaum leisten, da er noch
über keinerlei »Distanzwaffen« wie etwa Speere verfügte.

Um so erfolgreicher waren die steinzeitlichen Jäger später, als
sie die Fähigkeit entwickelt hatten, solche Waffen zu produzieren
und gezielt anzuwenden und obendrein mit ihren Gruppenange-
hörigen sprachlich zu kommunizieren. Sie konnten ein Tier um-
zingeln, in eine Falle locken oder aus größerer Entfernung mit
Speeren bewerfen. Auf solche Weise konnten sie Nahrungsressourcen optimal nutzen – schossen aber wohl schon früh übers
Ziel hinaus.

Zu Beginn dieses Kapitels erwähnte ich, daß den fünf großen
Katastrophen der letzten fünfhundert Millionen Jahre wohl noch
eine sechste hingezufügt werden könnte, die sich erst vor kurzer
Zeit abspielte, und zwar je nach Kontinent vor etwa elf- bis fünfundzwanzigtausend Jahren. In diesem Zeitraum starben zahlreiche große Säugetiere aus, weltweit (nach W. Engelhardt und
E. O. Wilson) dreiundsiebzig Prozent ihrer aus dieser Zeit bekannten Gattungen. Unter ihnen waren das Mammut und das
Mastodon (Abb. 14), um nur zwei der bekannteren Gattungen zu
nennen. Grundsätzlich wurden für dieses Aussterben zwei Hypothesen diskutiert. Die eine besagt, daß eine Klimaänderung (Ende

Abbildung 14: Mammut (oben) und Mastodon (unten)

der Eiszeit, Schmelzen von Gletschereismassen, Ausbildung von Jahreszeiten) jene Tiere dahinraffte, die an andauernde, trockene Kälte angepaßt und der veränderten Situation eben nicht gewachsen waren. In der zweiten Hypothese gelten *anthropogene*, also vom Menschen verursachte Veränderungen als maßgeblich für das Aussterben. Es ist durchaus möglich, daß beide Hypothesen richtig sind. In diesem Fall wäre aber der Mensch immer noch ein Faktor der Katastrophe. Wahrscheinlich war er aber der wichtigere Faktor, denn, wie Engelhardt schreibt: »Wann immer der Mensch neue Länder besiedelt hat, hat er über kurz oder lang zahlreiche Tierarten ausgerottet, obgleich sein Wirken von keinerlei Klimaänderung begleitet war« (1997, S. 18).

Auch später hat der Mensch Tiere massenhaft abgeschlachtet, man denke nur daran, wie es dem Bison in Nordamerika erging oder wie Wölfe in Europa gejagt wurden. Mit dem Übergang vom Nomadentum zur Seßhaftigkeit trat beim Menschen ein Phänomen verstärkt in Erscheinung. Er begann, Tiere nicht nur zu jagen, um sich von ihnen zu ernähren. Vielmehr ging es ihm darum, Konkurrenten zu beseitigen oder einfach alles auszulöschen, was seinen Bestrebungen irgendwie im Weg stand. Die Verbindung der neuen Lebensweise mit dem alten »Jagdinstinkt« war für viele Tierarten tödlich. Dazu kam bald die »nekrophile Freude«, Tiere einfach beseitigen zu können, ganz gleich, ob es irgendeinem »praktischen« Zweck diente oder nicht. Im Gegensatz zu anderen Arten ist der Mensch auch ein Trophäen-Jäger. Es scheint vielen Individuen seiner Sorte Spaß zu machen, vor allem große Tiere – wie Bisons, Elefanten oder Tiger – abzuknallen und sich damit zu brüsten, einen mächtigen »Gegner« besiegt zu haben (was mit den Feuerwaffen natürlich keine Kunst ist).

Die Beschleunigung der Katastrophen in der Evolution durch den Menschen begann genau zu jenem Zeitpunkt, als dieser erstens in die Lage gekommen war, durch Distanzwaffen seine Überlegenheit auszuspielen, und zweitens diese Waffen auch einsetzte, um bloß Trophäen nach Hause zu tragen (die er dann bald auch kommerziell verwerten konnte). Natürlich war auch der Übergang vom Jagen im Dienst des Nahrungserwerbs zur Jagd als »Sport« ein fließender, aber er vollzog sich insgesamt sehr schnell.

Ich selbst wuchs in ländlicher, bäuerlicher Umgebung auf und weiß noch, wie alle Tiere und Pflanzen, die nicht irgendeinen unmittelbaren oder mittelbaren Nutzen für den Menschen haben, einfach als Störfaktoren oder »Schädlinge« empfunden wurden. Die Schädlinge – diverse Insekten ebenso wie Wühlmäuse oder Hamster – wurden systematisch eliminiert, andere Arten im günstigsten Fall geduldet, meist aber doch auch getötet (z. B. Blindschleichen). Welchen *Nutzen* viele Arten für den Menschen haben können, das war selbst in den fünfziger und sechziger Jahren unseres Jahrhunderts keinswegs bekannt. Wie sollte es uns dann wundern, wenn die Menschen vor über zehntausend Jahren keinen Unterschied machten zwischen ihnen gefährlichen Konkurrenten und harmlosen Mitgeschöpfen!

Etwas präziser lassen sich in der Entwicklungsgeschichte des Menschen meines Erachtens vier Phasen unterscheiden, die jeweils durch eine Beschleunigung der Katastrophen – des katastrophalen Verhaltens des Menschen gegenüber anderen Arten – zu charakterisieren sind. Diese Phasen wären allerdings nicht global auf derselben Zeitskala einzutragen, und auch regional sind die Übergänge zwischen ihnen fließend.

Der Beginn der ersten Phase verliert sich in der grauen Vorzeit, auf dem Niveau des späten *Homo erectus* oder des frühen *Homo sapiens*. Die Jagdwaffen waren auf diesem Niveau, wie gesagt, schon etwas raffinierter, der Mensch jagte in größeren Gruppen (mit etwa vierzig bis fünfzig Individuen) und war in der Lage, auch relativ große Tiere zu erlegen. Außerdem suchte er schon da und dort nach Lagerplätzen, die ihm für längere Zeit eine »Heimstatt« boten, und begnügte sich nicht mehr mit Schlafplätzen für jeweils bloß eine Nacht. Ihren Höhepunkt erreichte diese Phase vor etwa zwanzig- bis dreißigtausend Jahren und ging dann allmählich in die zweite Phase über.

Diese zweite Phase ist durch den Einfluß gekennzeichnet, den der Mensch auf viele Arten von Großsäugetieren (bis zu deren Ausrottung) ausgeübt hat. Sie fällt in manchen Regionen der Erde mit dem Seßhaftwerden des Menschen und mit der Entwicklung der Landwirtschaft (Ackerbau und Viehzucht) zusammen, die von vornherein für viele Spezies eine große Gefahr bedeuteten. Die sukzessive Ausbreitung des Menschen und sein Eindringen in zuvor von seiner Spezies unbewohnte Gebiete gehören hier ebenfalls dazu.

Die dritte Phase umfaßt etwa die Zeit vom späten Mittelalter bis zum 18. Jahrhundert. Das war die Zeit der großen – von Europa aus unternommenen – Entdeckungsfahrten und der Kolonialisierung außereuropäischer Kontinente. In dieser Phase schleppte der Mensch auch verschiedene Tiere in Gegenden ein, wo sie zuvor nicht gelebt hatten, was sich genauso katastrophal auswirkte. So bewohnte z. B. Beispiel der Dodo, auch Dronte genannte, Inseln bei Madagaskar. Der Dodo war ein flugunfähiger Vogel, der die Körpergröße von Schwänen erreichte (Abb. 15). Ausgerottet

Abbildung 15: Dodo oder Dronte

wurde er durch Seefahrer und eingebürgerte Säugetiere, vor allem Ratten und Schweine, die seine Bodennester plünderten. Ein weiteres Merkmal dieser Phase war, daß sich der Mensch bereits relativ moderner Waffen bediente. Mit seinen Gewehren konnte er nun systematisch in der Natur wüten und dezimierte so die Bestände vieler Populationen von Vögeln und Säugetieren.

In der vierten Phase schließlich verbesserte der Mensch seine Waffen und Waffensysteme erheblich (ein Resultat der rasanten Entwicklung seiner Waffentechnik war bekanntlich die Atombombe). Die »industrielle Revolution« im 19. Jahrhundert nährte den Glauben an die totale Beherrschbarkeit der Natur, und damit setzte eine Entwicklung ein, die alles bisher Dagewesene in den Schatten stellen sollte. Denn besonders seit dem letzten Jahrhundert hat sich auch das Populationswachstum enorm beschleunigt – ein Phänomen, das längst als *Bevölkerungsexplosion* bekannt ist und uns viel Kopfzerbrechen bereiten muß. Lebten um das Jahr 1850 noch knapp eine Milliarde Menschen auf der Erde, waren es hundert Jahre später schon zwei Milliarden – eine Verdoppelung in nur einem Jahrhundert (!). 1975 hatte sich die Bevölkerung bereits ein zweites Mal (auf vier Milliarden) verdoppelt, und heute, nur knapp ein Vierteljahrhundert später, tummeln sich sechs Milliarden Menschen auf der Erde. Die Tendenz ist eindeutig erkennbar. Es ist aber auch das 20. Jahrhundert, das nicht nur durch eine atemberaubende Bevölkerungsentwicklung charakterisiert ist, sondern ebenso durch eine ungeheure Entwicklung auf verschiedensten Gebieten der Technik und Industrie, die sich – zusammen mit der zunehmenden Bevölkerungsdichte – in der stets drastisch steigenden Zahl von Autos, Eisenbahnen, Flugzeugen, Waffen, »Umweltgiften« usw. überdeutlich manifestiert. Daß diese Entwicklung vielen Spezies nicht zum Vorteil gereichen konnte und kann, versteht sich eigentlich von selbst.

In der ersten dieser Phasen war die Einwirkung des Menschen auf seine natürliche Umgebung die längste Zeit ziemlich harmlos. Wäre der Mensch vor, sagen wir, fünfzigtausend Jahren – aus welchen Gründen auch immer – ausgestorben, dann wäre er ein relativ unbedeutender Faktor im Leben anderer Arten geblieben, jedenfalls nicht bedeutender als beispielsweise Alligatoren, Elefanten, Löwen oder Gorillas. Die Natur hätte sich sehr rasch wieder erholt. Wäre seine Gattung vor zehntausend Jahren erloschen, dann gäbe es schon eine respektable Anzahl von Spezies, die durch sein direktes Einwirken auf Nimmerwiedersehen verschwunden sind, so daß ein außerirdischer »Chronist der Erde« später von einer vom Menschen verursachten Katastrophe schreiben müßte. In der dritten und vor allem vierten Phase hat sich der Mensch dermaßen katastrophal verhalten, daß ein solcher Chronist wahrscheinlich nicht mehr aus dem Staunen herauskäme (vorausgesetzt, er wäre Bewohner einer friedlichen Welt, was ja nun auch nicht sehr wahrscheinlich ist).

Was den Menschen unter anderem kennzeichnet, ist sein bemerkenswerter Drang nach *Naturbeherrschung*. Mag sein, daß ihm eine biophile Natur eigen ist (S. 15); gewiß hat er sich schon sehr früh mit anderen Lebewesen beschäftigt, war von ihnen fasziniert (von manchen auch abgestoßen), aber je mehr er von ihnen wußte, um so größer war auch sein Bedürfnis, sie zu beherrschen, sie zu nutzen. Naturerkenntnis und der Wunsch nach Naturbeherrschung, Erkenntnisinteresse und »Lebenspraxis« sind also eng miteinander verbunden (vgl. auch F. M. Wuketits, *Kulturgeschichte der Biologie*).

Seine technische Entwicklung, eine Folge seines beachtlichen Gehirnwachstums, hat den Menschen in die Lage versetzt, in der Natur enorme Katastrophen zu verursachen. Nun haben wir gesehen, daß Katastrophen in der Evolution nicht außergewöhnlich sind. Jede Art kann für andere Spezies eine Katastrophe bedeuten – das dürfen wir nie übersehen, ebensowenig wie den Umstand, daß verschiedene abiotische Faktoren (vor allem Klimaänderungen) so gut wie immer katastrophale Folgen nach sich ziehen. Was die Katastrophe Mensch charakterisiert, ist jedoch, daß *eine einzelne Spezies* aufgrund ihres steigenden Nahrungs- und Energiebedarfs *innerhalb kürzester Zeit* einen hohen Tribut von Leiden und Tod fordert.

Die eigentliche Wurzel der Beschleunigung von Naturkatastrophen durch den Menschen liegt darin, daß diese Gattung – auf einer sehr späten Stufe ihrer bisherigen Entwicklung – weit über die lebensnotwendige Ressourcensicherung hinaus die Natur ausbeutet. Der heutige Mensch versorgt sich mit Konsumgütern, die zu einem großen Teil in keinem Verhältnis zu seinem Überleben stehen und seinen prähistorischen Vorfahren fremd waren. Der Mensch kann, was heute in den Bevölkerungen westlicher Industrieländer weit verbreitet ist, entgegen seinem biologischen »Urantrieb« seine Reproduktion freiwillig einschränken oder auf Fortpflanzung ganz verzichten. Wie die Anthropologin Inge Schröder dazu ausführt, steht dieser Verzicht in direkter Verbindung mit einer Gesellschaft, die eine Fülle von Verhaltens- und Konsumalternativen bietet und gleichzeitig über verfeinerte Möglichkeiten der Geburtenkontrolle verfügt. Das leuchtet ein. Aber dieser Verzicht ist nicht mit der Bereitschaft zur Askese gleichzusetzen, sondern bedeutet nur, daß der Mensch heute sehr viele Wege der Befriedigung seiner letztlich egoistischen Be-

dürfnisse kennt. Zu glauben, daß er deshalb die Haut seiner prähistorischen Ahnen abgestreift hat, wäre allerdings nicht gerechtfertigt.

Auf S. 62 erwähnte ich, daß der heute in den Industrieländern
lebende Mensch das einzige Lebewesen ist, das oft an Über-
ernährung leidet. Ganze Geschäftszweige leben von den vielen
Verzweifelten, die abspecken, zumindest ein paar Kilogramm abnehmen wollen. Dabei ist nicht die Rede von jenen Leuten, die
meinen, irgendeinem von verrückten Modeschöpfern propagierten blödsinnigen Schönheitsideal entsprechen zu müssen; vielmehr sind unzählige Menschen aufgrund ihrer Fettleibigkeit ge-
sundheitlich ernsthaft bedroht. Man sagt ihnen leichtfertig, daß
sie eben weniger essen, auf dieses und jenes verzichten müssen.
So wie Übergewicht und Fettleibigkeit evolutionsbiologisch gesehen aus dem Rahmen fallen, ist die Aufforderung, sich beim
Essen einzuschränken, aus evolutionsbiologischer Sicht ziemlich
absurd. Die längste Zeit, über Jahrmillionen, haben ja nur diejenigen überlebt, die genügend Nahrung fanden und sich sattzu-
fressen wußten. Allerdings mußten sie eben ihre Nahrung *aktiv
suchen*, oft lange Strecken bei großer Hitze oder Kälte zurück-
legen, um etwas Eßbares zu finden. Einem *Homo erectus* wurden
keine prächtigen Geburtstagskuchen und fetten Weihnachtsgänse
serviert. Wäre dies der Fall gewesen, dann hätte er – da kann man
sicher sein – dankbar zugegriffen und sehr schnell Freude daran
gefunden, ohne erhebliche körperliche Anstrengung genug Nahrung zu bekommen.

Verhaltensweisen, die unter bestimmten Rahmenbedingungen
für ein Lebewesen vorteilhaft sind, können sich unter anderen
Umständen fatal auswirken. Fressen, was man zwischen die Fin-
ger kriegt (und möglichst viel davon), war für unsere stammesgeschichtlichen Ahnen gleichsam ein Imperativ; denn bis zur nächsten Mahlzeit mußte man womöglich lange warten und, um
überhaupt dazu zu kommen, einige Anstrengungen auf sich nehmen. Heute ist das, zumindest in den Industrieländern westlicher
Prägung, anders. In der Regel müssen wir auf keine Mahlzeit lange
warten, und keiner von uns ist gezwungen, irgendwelchen Tieren
nachzulaufen oder Pflanzen und Früchte zu sammeln. Dafür haben wir unsere Spezialisten, Landwirte, Metzger und Gärtner.
Wer will, wer die Zeit und Muße hat, kann natürlich gelegentlich
zum Angeln gehen, Pilze sammeln (was schon einige Kenntnisse

abverlangt!) oder bei einer Jagd mitmachen. Dazu gezwungen ist aber niemand, es ist eher eine Frage von Abwechslung und Entspannung, aber keine Überlebensfrage.

Der Mensch kann seine Fortpflanzungsaktivitäten, wie gesagt, bewußt und gezielt einschränken, aber damit verringert sich nicht sein Bedarf an Ressourcen; eher das Gegenteil ist der Fall, denn je komfortabler man zu leben gewohnt ist, desto mehr Bequemlichkeit wünscht man sich. Das aber geht nicht ohne enorm hohe Kosten für die anderen Spezies. Somit ist *Homo sapiens* zum größten Katastrophenbeschleuniger in der Natur geworden. Wahrscheinlich zählt er daher schon heute zu den »Auslaufmodellen« der Evolution. In der Katastrophengeschichte des Universums wird er allerdings nicht mehr als eine Fußnote darstellen.

6. Das große Artensterben der Gegenwart

Wie viele Arten gibt es (noch)?

Der schwedische Naturforscher Carl von Linné (1707–1778) – er gilt als Begründer der modernen biologischen Klassifikation und Systematik – klassifizierte und beschrieb über achttausend Pflanzen- und über viertausend Tierarten. Das ist eine beachtliche Leistung für einen einzelnen Mann, aber diese mehr als zwölftausend Arten sind nur ein verschwindend kleiner Anteil an der Gesamtzahl der Spezies, die auf der Erde leben. Das Leben tritt auf unserem Planeten in einer erstaunlichen Vielfalt auf, und professionelle Naturhistoriker waren davon stets ebenso fasziniert wie Amateure der Naturgeschichte. Wie groß diese Vielfalt tatsächlich ist, blieb uns allerdings die längste Zeit verborgen. Noch im 19. Jahrhundert bemerkte der Autor einer umfangreichen populärwissenschaftlichen Naturkunde, der Mainzer Realschullehrer Friedrich Schoedler, daß die Zahl der beschriebenen Tierarten mit etwa zweihundertfünfzigtausend angenommen werden mag. Mittlerweile waren Zoologen und Botaniker aber sehr aktiv. Forschungsreisen führten sie auch in entlegene Gebiete der Erde, wo sie unzählige weitere Arten entdeckten. Derzeit beträgt die Zahl der beschriebenen und mit wissenschaftlichem Namen versehenen Spezies knapp anderthalb Millionen. Davon entfallen über sechzig Prozent auf Tiere, der Rest auf Pflanzen, Pilze und einzellige Lebewesen.

Würde man die Beschreibung jeder Art (mit kurzen Angaben zu ihren anatomischen Merkmalen, ihrer geographischen Verbreitung und ihrer Lebensweise) auf einer Buchseite zusammenfassen, so ergäbe das etwa eintausendfünfhundert Bände zu je tausend Seiten auf Regalen von fünfundsiebzig Meter Länge! Auffallend an dieser respektablen Bibliothek wäre allerdings, daß die Hälfte der Bände nur Insekten – *davon* allein zweihundertneunzig Bände den Käfern – gewidmet wäre. Die uns viel besser vertrauten Tiere, die Wirbeltiere (die in populären naturgeschichtlichen Werken auch den größten Platz einnehmen), wären in nur etwa vierzig Bänden untergebracht. Aber eine solche Enzyklopädie wäre nur ein Fragment. Denn die *tatsächliche* Zahl der Organismenarten, die heute auf der Erde leben, ist weit höher. Es ist bemerkenswert, daß diesem Umstand erst in den letzten zwanzig bis dreißig Jahren Aufmerksamkeit geschenkt wurde, weil Biologen gleichzeitig von der rasch steigenden Zahl aussterbender Arten alarmiert wurden. Die Zahl der Arten, die also (noch!) auf unserem Planeten existieren, muß auf mindestens zehn bis zwanzig Millionen geschätzt werden. Das ist eine vorsichtige Schätzung, anderen Schätzungen zufolge ist die Artenzahl noch bedeutend größer. Umgekehrt heißt das, daß erst etwa ein Zehntel aller Spezies bekannt und beschrieben ist. Die anderen warten noch auf ihre Entdeckung – sofern sie nicht in der Zwischenzeit aussterben oder ausgerottet werden.

Das Problem der *Artenvielfalt* oder *Biodiversität* ist in neuerer Zeit in vielen Arbeiten aus unterschiedlicher Perspektive behandelt worden. Im Literaturverzeichnis sind einige Publikationen dazu genannt (siehe die entsprechenden Angaben unter W. Engelhardt, J. H. Reichholf, E. O. Wilson und F. M. Wuketits). Einem unbefangenen Beobachter mag es seltsam erscheinen, daß man erst in jüngster Zeit eine ungefähre Vorstellung von der Artenvielfalt auf der Erde bekommen hat. Außerdem wird man sich fragen, worauf die erwähnten Schätzungen der Artenzahlen beruhen und wie man feststellen will, wie viele Arten derzeit im Aussterben begriffen sind oder in letzter Zeit ausgelöscht wurden.

Gleich eines vorweg: Man kann davon ausgehen, daß heute durchschnittlich drei bis fünf Arten pro Stunde (!) aussterben. Das ergibt etwa siebzig bis einhundertzwanzig Arten pro Tag und eine jährliche Aussterbensrate von fünfundzwanzig- bis dreiundvierzigtausend Spezies. Wenn man sich dagegen vor Augen führt, wie langsam die Evolution »arbeitet« und wie langsam selbst das Massenaussterben in den bisherigen Katastrophen der Erdgeschichte vor sich ging (S. 105), dann spielt sich derzeit eine Katastrophe ab, die alles Bisherige in den Schatten stellt, ein Massenaussterben, wie es in der Evolution bislang nicht dagewesen ist. Dabei ist kein Asteroid auf die Erde gefallen, und eine Klimakatastrophe gab es neuerdings auch nicht. Das gegenwärtige Drama bleibt also von den meisten Menschen unbemerkt. Um so mehr wird man darauf drängen, zu erfahren, wie es denn zu diesen Schätzungen kommt. Die Frage ist relativ einfach zu beantworten.

Die artenreichsten Lebensräume sind die tropischen Wälder (Abb. 16). Nach Angaben von Ariel D. Lugo vom Institute of Tropical Forestry in Puerto Rico leben an die siebzig Prozent aller Arten in den tropischen Regionen. Dabei zeigen die tropischen *Regenwälder* die größte Artendichte. Wie Josef H. Reichholf in seinem aufschlußreichen Buch zu diesem Thema anführt, fand man in Zentralamazonien auf einem einzigen Hektar über fünfhundert verschiedene Arten von Holzgewächsen und in Ostperu einhundertzwanzig Froscharten auf einem Quadratkilometer. (Zum Vergleich: In ganz Mitteleuropa leben, auf einer Fläche von etwa einer Million Quadratkilometern, bloß zwölf Arten von

Abbildung 16: Tropischer Urwald
(Foto: dpa/Frankfurt)

Fröschen.) E. O. Wilson betont, daß im peruanischen Regenwald auf fünf Hektar über dreihundertsechzig Ameisenarten entdeckt wurden.

Schon diese beiden Beispiele lassen die Artenfülle in jenen Lebensräumen erahnen. Nun stelle man sich einmal vor, wie großflächig die tropischen Wälder gerodet werden: Die Rodungen erfassen über elf Millionen Hektar jährlich, wovon nur knapp die Hälfte wieder in Brachland übergeht und einem Sekundärwald Entwicklungsmöglichkeiten bietet. Auf Madagaskar beispielsweise ist der Bestand an Tropenwäldern Anfang der neunziger Jahre auf zweiunddreißig Prozent des noch 1950 vorhandenen Bestands zusammengeschrumpft.

Diese Angaben bringen uns einer Antwort auf die Frage nahe, woher man weiß, wie viele Arten momentan aussterben. Dabei geht es nicht um exakte Zahlen. Die derzeitige Katastrophe wäre groß genug, wenn »nur« eine Art pro Tag aussterben würde. Nach Berechnungen einiger Paläontologen ging in früheren Epochen der Erdgeschichte bei einem Artbestand von jeweils zwei Millionen durchschnittlich eine Spezies in fünf Jahren verloren. Vielleicht ist das optimistisch gerechnet, weil Paläontologen immer das Problem haben, daß sie auf viele Arten – vor allem solche, die nur lokal verbreitet waren – gar nicht stoßen. Doch auch wenn man diese Zahl mit zehn multipliziert, kommt man auf einen Verlust von bloß zwei Arten pro Jahr. Das ist mit der gegenwärtigen Katastrophe nicht zu vergleichen. Selbst vorsichtige Schätzungen belaufen sich auf eine Aussterberate von immerhin zehntausend Arten pro Jahr. Am Beispiel Madagaskar läßt sich die Dramatik der Situation verdeutlichen. Wie Norman Myers, Berater für Umwelt und Entwicklung in Oxford, ausführt, sind auf dieser unter biologischem Gesichtspunkt höchst faszinierenden Insel innerhalb von nur fünfunddreißig Jahren fünfzigtausend Arten ausgerottet worden.

Aber warum ist das Artensterben, das nun doch schon seit einigen Jahrzehnten mit denkbar größter Intensität andauert, erst in neuester Zeit Gegenstand vieler Diskussionen, die inzwischen auch die Massenmedien erreicht haben? Und wie kommt es, daß man heute erst eine ungefähre Vorstellung von der Zahl der tatsächlich auf der Erde lebenden Pflanzen- und Tierarten hat, ohne jedoch die meisten von ihnen schon entdeckt und beschrieben zu haben?

Die meisten Biologen haben sich in den letzten Jahrzehnten vor allem mit Genetik und Molekularbiologie beschäftigt. Es ist sicher faszinierend, die allgemeinen Gesetzlichkeiten des Lebens auf dem Niveau kleiner und kleinster Bausteine zu ergründen – und obendrein liegen die möglichen Anwendungen genetischer Forschung (*Gentechnik!*) im Interesse großer Industriezweige. Genetik ist daher ein lukratives Geschäft. Die Entdeckung einer neuen Insektenart im Sudan oder auf Madagaskar ist dagegen wenig spektakulär. Wissenschaftspolitisch sind die sogenannten klassischen Fächer der Biologie – wozu unter anderem die vergleichende Anatomie und die Systematik gehören – zurückgedrängt worden. Das zeigt sich in den Lehr- und Studienplänen unserer Schulen und Universitäten deutlich. Die Konsequenz davon ist, daß heute ein Biologiestudent nach fünfjährigem oder noch längerem Studium oft überhaupt keine Ahnung hat von der systematischen Stellung selbst einer so »prominenten« Spezies wie des Bambusbären und diesen womöglich mit dem Koala, einem Beuteltier, verwechselt. Es stimmt, daß, wie R. Kinzelbach beklagt, »Abiturienten heute entweder keine Biologiekenntnisse haben oder . . . vollgestopft mit unverdautem Kurs-Spezialwissen über Molekularbiologie« sind und daß es an Kenntnis »der Tier- und Pflanzenwelt, selbst der alltäglichen Umgebung« fehlt (1989, S. 148). Ich habe in meinem Aufsatz »Die Zukunft der Tiere« in diesem Zusammenhang von einem grundsätzlichen Bildungsproblem gesprochen. Es paßt zu unserem vom Glauben an die Allmacht des Menschen und seiner Technik geprägten Zeitalter, daß Phänomene wie das der Artenvielfalt die meisten Menschen, selbst viele Biologen nicht interessieren. Und ihren Bedarf an »Natur« decken die allermeisten unserer Zeitgenossen ohnehin durch Spaziergänge im Wald, Bergwanderungen oder einen Urlaub auf dem Bauernhof (vgl. nochmals Kapitel 1). Notfalls kann man sich ja im Fernsehen eine Dokumentation über den tropischen Regenwald ansehen. Das Problem liegt aber tiefer.

Die Artenvielfalt ist am größten in den uns weniger vertrauten Klassen und Stämmen des Tier- und Pflanzenreichs. Sieht man ab von Ameisenspezialisten, Arachnologen (Spinnenfachleuten) oder Helminthologen (Spezialisten für Würmer), dann assoziieren wir Menschen schon mit dem Begriff »Tier« in erster Linie doch mehr oder weniger auffällige oder uns nahestehende Lebewesen, Katzen, Hunde, Hühner, Elefanten, Löwen, Nashörner usw. Natürlich sind wir mit verschiedenen Insekten, Spinnen und Würmern auch immer wieder konfrontiert, aber wir bringen diesen Geschöpfen meist nicht gerade unsere Sympathien entgegen. Bunte Schmetterlinge und Bienen erregen zwar schon unsere Aufmerksamkeit und Bewunderung. Doch müssen wir damit rechnen, daß sich die überwiegend größte Zahl von Tierarten auf Ordnungen verteilt, mit denen wir gewöhnlich nichts zu tun haben und nichts zu tun haben wollen. Sie gehen uns daher auch nicht ab, ihr Aussterben berührt uns nicht.

Wie viele Arten es also (noch) auf der Erde gibt, weiß niemand wirklich genau. Die genannten Schätzungen geben Größenordnungen an, doch selbst die können sich noch etwas verschieben. Nicht zu bezweifeln ist aber das große Artensterben der Gegenwart, das sich auch nicht einfach in die bisherigen katastrophalen Phasen der Evolution einreiht, sondern diese bei weitem übersteigt. Bei gleichbleibender Tendenz werden wir in den nächsten Jahrzehnten ein Viertel aller Tierarten ausgelöscht haben. Dabei kann sich die Tendenz natürlich noch verschlimmern. Gegenüber früheren Phasen des Massenaussterbens ist die derzeitige Phase durch eine drastisch beschleunigte Entwicklung gekennzeichnet. Dazu kommt noch ein weiterer Unterschied zu früheren Zeiten.

In Biologie und Paläontologie wird deutlich unterschieden zwischen dem *Aussterben* und der *Ausrottung* von Arten. Das Aussterben ist ein, wie in diesem Buch mehrfach bemerkt wurde, gewöhnlicher Vorgang in der Evolution. Die Ausrottung aber setzt eine mehr oder weniger systematische Planung voraus. Zwar sind einzelne Organismenarten in der Regel kaum miteinander befreundet, und ein Verdrängungswettbewerb ist durchaus »normal«. Wirkliche Ausrottung von Arten betreibt aber nur der Mensch. Das kann auf direkte oder indirekte Weise erfolgen. Die massenhafte Abschlachtung von Tieren ist eine direkte Ausrottung; davon war beispielsweise der schon erwähnte Dodo betroffen. Meist erfolgt die Ausrottung jedoch indirekt. Indem Lebensräume zerstört, z. B. tropische Wälder abgeholzt werden, wird vielen Arten sozusagen die Luft zum Atmen genommen. Sie werden also ausgerottet, auch wenn ihre Auslöschung nicht das erklärte Ziel des Menschen war. Die Mehrzahl der heute vom Aussterben – von der Ausrottung – betroffenen Arten kommt auf diese Weise um. Und das nicht zuletzt deshalb, weil sie vom

Menschen noch gar nicht entdeckt worden sind. (Es ist allerdings fraglich, ob die meisten Menschen zwischen schon bekannten und noch unbekannten Arten einen Unterschied machen würden.)

Es gehört zu den Merkwürdigkeiten des Menschen, daß er sich zwar gern mit Haustieren und Zierpflanzen umgibt, zugleich aber im wesentlichen unberührt bleibt von der größten Katastrophe, die er in der Tier- und Pflanzenwelt anrichtet. Arten*vielfalt* hat für den Menschen offenbar keine besondere Bedeutung, solange seine ernährungsphysiologischen, emotionalen und ästhetischen Bedürfnisse durch die Natur befriedigt werden. Sicher sind in den letzten Jahren viele Menschen für die Artenvielfalt und das Artensterben sensibilisiert worden, aber wir sollten uns keine falschen Hoffnungen machen. Die vielen großen und kleinen Geschäftemacher und Wichtigtuer, die heutzutage mit ihren »Handys« herumlaufen und sich selbst und andere beeindrucken wollen, scheren sich doch, wie die meisten unserer Politiker, einen Schmarrn um Artenvielfalt, Aussterbensraten und die Zukunft der Tierwelt.

Den Biologen müßte es allerdings ein großes Anliegen sein, die noch unentdeckten Arten rechtzeitig zu finden. Die Forschungspolitik der letzten Jahre hat sich in den Biowissenschaften zum Nachteil all jener Fächer ausgewirkt, die sich mit dem Erfassen und Beschreiben der Vielfalt des Lebens beschäftigen. Um so erfreulicher ist der Umstand, daß es heute wieder Biologen gibt, die ihr Augenmerk verstärkt auf diese Aspekte ihrer Disziplin richten. Aber ihre Zahl scheint zu gering. Dabei wäre es, wie Wilson (*Wert der Vielfalt*) ausgerechnet hat, selbst mit den altmodischsten Mitteln möglich, innerhalb von fünfzig Jahren zehn Millionen Organismenarten zu klassifizieren, hätte man weltweit nur fünfundzwanzigtausend Systematiker. (Das wären allein in den USA weniger als zehn Prozent der Wissenschaftler.) Aber an solchen Spezialisten fehlt es eben. Dabei sind Arbeiten auf dem Gebiet der Systematik äußerst kostensparend, wenn man sie mit Projekten in der Molekularbiologie oder Hochenergiephysik vergleicht, die Unsummen verschlingen (ohne daß dabei immer etwas Interessantes herauskommt). Die Systematiker brauchen nur wenig an technischen Geräten und benötigen keine teuren Laboratorien. Nur ist ihre Arbeit im Selbstverständnis der heutigen Naturwissenschaften und in den Augen der breiten Öffentlichkeit nicht so prestigeträchtig wie die Arbeit vieler anderer Spezialisten.

Dabei sollten sich Biologen heute vergegenwärtigen, daß zum ersten Mal in der Geschichte ihrer Disziplin die Zukunft des Lebens auf der Erde nicht zuletzt von ihrer Einstellung zu dieser Disziplin und zu ihren Gegenständen, den Lebewesen, abhängt. Es macht eben einen großen Unterschied, ob sich ein Biologe ausschließlich als Genetiker versteht, dem die Existenz einiger weniger Labortiere genügt, um zu irgendwelchen neuen Erkenntnissen zu gelangen, oder als Vertreter eines Faches, welches unter allen naturwissenschaftlichen Disziplinen die größte Mannigfaltigkeit und Komplexität von Objekten zu begreifen hat.

Es ist schon merkwürdig: Wir sind in die Tiefen des Weltalls vorgedrungen und besitzen Kenntnisse über Sterne und Galaxien, die einige Milliarden Lichtjahre von uns entfernt sind, aber auf unserem Heimatplaneten kennen wir uns noch immer nicht aus und wissen nicht, wie viele Organismenarten es überhaupt gibt. Ab und an, wenn – was selten genug vorkommt – eine neue Affenart entdeckt oder eine bisher unbekannte Art von Wildrindern gesichtet wird, herrscht auch in der Tagespresse ein wenig Aufregung. Die meisten der noch unentdeckten Spezies sind sicher nicht dazu geeignet, unsere Sensationsgier zu befriedigen. Viele Menschen sind imstande, unter großer körperlicher und finanzieller Anstrengung fiktiven Geschöpfen wie dem Yeti oder dem Ungeheuer von Loch Ness nachzujagen, ohne zu bemerken, wie viele *real existierende* Arten von Lebewesen in der Zwischenzeit ausgelöscht wurden.

Die derzeit massive Bedrohung der Artenvielfalt hat also mit unserer Einstellung zu tun, mit unserer Einstellung zur Natur und mit unserem schief hängenden Naturbild. Ob durch den Einfluß des Menschen eine Art pro Tag oder fünf Arten pro Stunde zugrunde gehen – das ändert nichts daran, daß mit *jeder* ausgerotteten Art eine einmalige und unwiederbringliche »Lebensform« ausgelöscht wird und daß die Evolution jedenfalls neue Spezies nicht in dem Tempo produzieren kann, in dem der Mensch alte zerstört. Das Drama, das sich zur Zeit auf unserem Planeten abspielt, wird einen stark merklichen Faunen- und Florenschnitt zurücklassen, viel größer als alle Katastrophenereignisse in der bisherigen Erdgeschichte. Es ist durchaus möglich, daß auch unsere Spezies dieser Katastrophe zum Opfer fallen wird. In evolutionärer Perspektive wäre *das* keineswegs die größte Katastrophe, weil damit eben nur *eine* Art unter sehr vielen – und mit sehr vielen – anderen untergehen würde.

Wozu eigentlich Artenschutz?

Da in der Evolution immer Arten ausgestorben sind, ist, wie man meinen könnte, die heutige Katastrophe ungeachtet ihrer Dimensionen so schlimm nun auch wieder nicht. Und da der Verursacher dieser Katastrophe, der Mensch, ja nicht außerhalb der Natur steht, sondern nur eine Spezies unter vielen ist, ist das gegenwärtige Massenaussterben, wie man ferner zu denken geneigt sein mag, ohnehin ein *natürliches* Ereignis. *Homo sapiens* praktiziert, wie etwa der österreichische Zoologe Friedrich Schaller bemerkt, mit wachsender Perfektion nur seinen überkommenen animalischen Egoismus konsequent weiter. Schließlich könnte man sagen, daß die Evolution schon einmal nach dem Aussterben von etwa achtzig Prozent aller Arten (S. 105) problemlos »weitermachen« konnte und es daher auch heute keine Notwendigkeit gibt, zehn Millionen oder noch mehr Arten zu erhalten.

Allerdings treten hier auch *ethische* Probleme auf. Zu sagen, weil sich beispielsweise Löwen nicht darum kümmern, wie es den anderen Lebewesen ergeht, können diese auch dem Menschen gleichgültig sein (zumal er sich ja doch nur, genau wie der Löwe, Ressourcen sichern muß), wäre aus der Sicht der meisten unserer Zeitgenossen sicher nicht gerechtfertigt, und zwar nicht nur aus der Sicht derer, die an der Sonderstellung des *Homo sapiens* festhalten. Der protestantische Theologe, Arzt und Kulturphilosoph Albert Schweitzer (1875–1966) vertrat das Prinzip *Ehrfurcht vor dem Leben* als Grundlage jeder Weltanschauung und Ethik. Das ist gewissermaßen das andere Extrem, die genaue Gegenposition zu der immerhin möglichen Haltung, wonach wir keinerlei Verantwortung für andere Lebewesen tragen, weil wir selbst Lebewesen sind und wie alle anderen Geschöpfe nur an unserer eigenen Erhaltung interessiert sein können. Schweitzers Prinzip ist vielen Menschen gewiß viel sympathischer. Aber es ist, wie Jean-Claude Wolf bemerkt, nicht vernünftig begründet, es appelliert an grandiose Intuitionen und beschreibt eher Visionen

als konkretes menschliches Verhalten. Darauf wird noch zurückzukommen sein.

Also, wozu eigentlich Artenschutz? Bevor ich auf diese Frage
näher eingehe, muß festgestellt werden, daß sich in den vergangenen Jahren einige Programme von Naturschützern durch-
gesetzt haben und einigen Spezies tatsächlich wieder mehr Lebensraum gewährt wird. Eines von vielen Beispielen ist die Wie-
dereinbürgerung des Braunbären in Österreich vor einigen Jahren.
Derzeit dürfte Meister Petz mit etwa fünfundzwanzig Exem-
plaren in der kleinen Alpenrepublik vertreten sein. Dem drama-
tischen Artensterben steht gegenwärtig die Tendenz gegenüber,
Arten zu schützen, den Bestand geschrumpfter, vom Aussterben
bedrohter Populationen wieder zu vergrößern und Arten dort
wieder anzusiedeln, wo sie schon verloren waren. Es scheint, daß
viele Menschen das Gewissen plagt. Daher kann auch der Welt-
tierschutzbund mit Unterstützung rechnen, schließlich ist doch
jedermann daran interessiert, daß uns der Bambusbär erhalten
bleibt.

Damit sind wir schon bei einem wichtigen Problem. Reali-
stisch gesehen können wir, selbst wenn wir ab sofort alles daran
setzen würden, kaum *alle* bedrohten Arten vor dem Untergang
bewahren. Nicht nur, weil wir unzählige davon noch gar nicht
kennen, sondern auch deshalb, weil von manchen Spezies nur
noch sehr wenige Exemplare (oder überhaupt nur mehr ein
Exemplar) am Leben sind, so daß für sie sozusagen der Zug abge-
fahren ist und unsere Mühe, sie zu retten, vergeblich wäre. Die
Frage, welche Prioritäten wir beim Artenschutz setzen sollen, ist
daher von großer Bedeutung. Sie wird sowohl aus biologischer,
wie auch aus philosophischer Sicht etwa von den beiden amerikanischen Autoren K. S. Shrader-Frechette und E. D. McCoy
diskutiert, die dabei unterschiedliche Gesichtspunkte zu bedenken geben.

So stellt sich etwa die Frage, ob sich viel Aufwand und Geld für
die Rettung *einer* bestimmten Spezies wirklich lohnen. Denn zugleich geht diese Rettung auf Kosten anderer Arten. Wie wichtig
ist es also aus ökologischer Sicht, wenn es etwa in Österreich
wieder Braunbären gibt? Müßte man dann nicht auch alle anderen
Spezies, die es einst in diesem Land gab, wieder »einführen«? Damit in Zusammenhang steht die prinzipielle Frage, ob wir nicht
den Schutz von Lebensräumen vor den Artenschutz stellen soll-

ten. Denn wenn wir für ökologisch intakte Lebensräume sorgen, wird es auch den diese bewohnenden Tieren besser gehen. Das Problem, das der Schutz einzelner Arten mit sich bringt, ist gewissermaßen auch eines der Auswahl. Nach welchen Kriterien wählen wir die Arten aus, die wir unbedingt schützen wollen? Sind bestimmte Arten wertvoller als andere? Es ist sicher sehr schwer, zwischen dem ökologischen Wert einer Art und dem Wert, den wir Menschen aus emotionalen oder ästhetischen Gründen einer Spezies beimessen, eine vernünftige Balance zu finden. Ökologisch gesehen kann man kaum von »wertlosen Arten« sprechen. Wir müssen bloß zur Kenntnis nehmen, was es so alles an Arten in einem bestimmten Lebensraum gibt, um dann ihren ökologischen Beitrag zu rekonstruieren. Es scheint, daß sich in jedem intakten Lebensraum eine mehr oder minder große Biodiversität findet. Der Elefant ist dabei nicht wichtiger als irgendeine Termitenspezies. Allerdings fallen die Dezimierung oder das Aussterben von großen Tieren (oder auch Pflanzen) mehr ins Auge. In vielen kleinen Biotopen, also Lebensräumen wie Teichen oder Mooren, leben aber nur relativ kleine und »unsichtbare« Arten. Es wäre absurd, ein solches Biotop zu zerstören und gleichzeitig eine bestimmte in ihm lebende Art bewahren zu wollen. Im Grunde genommen sind Arten- und Lebensraumschutz kaum voneinander zu trennen. Flexible Arten kann man zwar umsiedeln; man kann auch Spezies bewahren, deren Lebensräume längst zerstört sind, indem man sie in Zoos weiterzüchtet. Wo man aber wirklich Natur zu bewahren sucht, dort muß man einfach alles so lassen, wie es ist. Oder? Nicht immer. Biotope, in denen bereits einige Spezies, z.B. Raubtiere, fehlen, geraten schnell aus dem Gleichgewicht. Da wäre es dann ratsam, einige der ursprünglichen Raubtierarten, sofern sie eben auch anderswo nicht schon ausgerottet sind, wieder anzusiedeln. Das Gegenargument wiederum wäre hier, daß ja auch unabhängig vom Menschen Arten aus einzelnen Lebensräumen verschwinden und sich die Biotope dann von selbst regulieren. Man sieht: Naturschutz ist gar keine einfache Angelegenheit. Vor allem müssen wir zugeben, daß wir in Ermangelung einer profunden Artenkenntnis die vielen »kleinen« ökologischen Kreisläufe bei weitem noch nicht verstehen, so daß wir mit der Rettung einiger und der Vernachlässigung anderer Spezies in der Natur einen im voraus schwer kalkulierbaren Schaden verursachen.

Aber es gibt in diesem Zusammenhang noch andere Probleme, Probleme kultureller und sozialer Art. In der Theorie ist es sehr einfach, Platz für wilde Tiere zu fordern. Für die Praxis müssen wir uns aber eingestehen, was R. Kinzelbach wie folgt auf den Punkt bringt:

Der Wohlstand Europas und Nordamerikas ruht auch auf den Leichen von Wildpferden, Büffeln, Walrossen, Walen, Heringen, Lachsen und Stören. Jetzt sollen *andere* in Afrika der plötzlich erwachten europäischen Sentimentalität entsprechend ihre Großtiere durchfüttern? Bestimmt nicht umsonst. Nur wenn dieser Zoo hohen Eintritt bringt (1989, S. 120).

Man wird dem schwer widersprechen können. Aus diesen und noch einigen anderen Gründen, die zum Teil schon erwähnt wurden, zum Teil aber noch zu diskutieren bleiben, ist die geforderte Harmonie zwischen dem Menschen und der ihn umgebenden Natur nicht mit romantischer Verklärung oder mystisch-irrationalen Begriffen der Natur zu verwechseln. Ähnlich argumentiert auch der Philosoph Dieter Birnbacher, der sich seit vielen Jahren mit *ökologischer Ethik* befaßt. Birnbacher plädiert für eine *rationale Planung* in Hinsicht auf die Naturerhaltung und spricht sich mit Recht dagegen aus, für den Naturschutz irrationale »Argumente« und Naturromantik zu verwenden.

Nun ist die Frage, warum wir eigentlich Arten oder, wie wir jetzt auch sagen können, Lebensräume schützen sollen, noch nicht beantwortet. Die in den letzten Jahren und Jahrzehnten darauf gegebenen Antworten sind zahlreich. Sie lassen sich in zwei Gruppen zusammenfassen, denen jeweils eine bestimmte Argumentationsweise zugrunde liegt.

Das *biozentrische Argument* beruht auf der Überzeugung, daß jedes Lebewesen für sich ein Lebensrecht hat und daß der Mensch nicht zerstören darf, was in der Evolution entstanden ist. Diese Überzeugung reicht tief in unsere Geistesgeschichte zurück und wurde oft religiös untermauert. Demnach ist der Mensch heute auch für die Evolution – respektive Schöpfung – verantwortlich. Der bedeutende englische Biologe Sir Julian Huxley (1887–1975), der sich früh für die Erhaltung von Arten und Lebensräumen einsetzte, sah im Menschen einen »Treuhänder der Evolution« und in der Bewahrung der durch die Evolution entstandenen Vielfalt des Lebens einen der zentralen Gedanken eines neuen Humanismus. In diesem Sinn also wäre die Frage, warum wir Artenschutz betreiben sollen, eigentlich nur eine rhetorische. Alles, was die Evolution hervorgebracht hat, ist an sich gut, und wir Menschen, die wir zwar auch bloß Resultate der Evolution sind, über diese aber bewußt nachdenken können, müssen die Natur, die Artenvielfalt bewahren.

Im *anthropozentrischen Argument* dagegen steht der Mensch im Mittelpunkt. Dieses Argument lautet folgendermaßen: Da wir von der Natur, von einzelnen Lebewesen abhängig sind, da uns Lebewesen auch emotional und ästhetisch befriedigen können, sollten wir sie bewahren. Fortgesetzte Zerstörung unserer natürlichen Umwelt, so kann das Argument ergänzt werden, kann *für uns* Konsequenzen mit sich bringen, die wir nicht abschätzen können, so daß wir gut beraten sind, Arten- und Lebensraumschutz zu betreiben. Man kann dieses Argument auch als »ökonomistisch« bezeichnen. Ich komme noch in diesem Kapitel ausführlicher darauf zu sprechen.

Beide Argumente laufen letztlich auf dasselbe hinaus. Ob wir Arten deshalb schützen, weil sie als Geschöpfe Gottes gleichsam unantastbar sind oder als Resultate der Evolution ein Existenzrecht haben – zumal, weil viele oder die meisten von ihnen schon lange vor uns da waren –, oder ob wir ihnen aus rein egoistischen Gründen zugetan sind, mag ja egal sein. Aber die beiden Argumente »greifen« nicht auf dieselbe Weise. Man versuche doch einmal, den Manager einer großen Straßenbaufirma davon zu überzeugen, eine bestimmte Straße deshalb nicht zu bauen, weil dadurch verschiedene Arten von Kröten und bodenbewohnende Spezies wirbelloser Tiere in ihrem Lebensrecht beschnitten werden! Darüber hinaus stellt sich die Frage, ob das biozentrische Argument in allen seinen Konsequenzen von uns überhaupt »lebbar« ist. Jene Dame, die ich auf S. 14 als repräsentativ für eine radikale Tierschutzbewegung erwähnte, würde sich sicher jederzeit für ein solches Argument stark machen. Ich weiß allerdings nicht, wie sie reagiert, wenn sie einmal Wanzen oder Flöhe in ihrem Bett findet. Sie nimmt nur pflanzliche Kost zu sich – aber sind Pflanzen etwa keine Lebewesen? Jeder Mensch, mag er noch so sehr darauf bedacht sein, die Vielfalt des Lebens zu erhalten, zerstört – sofern er nicht den Freitod wählt – irgendwelche Lebewesen oder fügt ihnen zumindest großen Schaden zu. Das bedeutet freilich nicht, daß wir uns nicht um die Erhaltung von Arten und ihren Lebensräumen zu kümmern brauchen.

Das Elend der Stechmücken

Albert Schweitzers Prinzip der Ehrfurcht vor dem Leben, vor *allen* Arten von Lebewesen, ist, so wurde bereits gesagt, nicht vernünftig zu begründen. »Ich bin Leben, das leben will, inmitten von Leben, das leben will« – das trifft ja durchaus den Kern des Problems. Wenn *ich* leben will, dann komme ich ständig anderen Lebewesen in die Quere, die auch leben »wollen«, denen mein Lebenswille jedoch gleichgültig ist. Was kümmert es denn eine Zecke, wenn ich durch ihren Biß an Meningitis (Hirnhautentzündung) zugrunde gehe!

Alle »Sollensforderungen«, moralische Vorschriften, setzen die Fähigkeit voraus, sie zu befolgen. Das ist trivial. Würde man jemanden auffordern, auf Essen grundsätzlich zu verzichten, dann gäbe es zwei Möglichkeiten. Der betreffende Mensch würde entweder heimlich alles tun, um an Nahrungsressourcen zu gelangen; oder er wäre (im Normalfall natürlich unwahrscheinlich) tatsächlich loyal und würde nach relativ kurzer Zeit sterben. Will man also für alle Lebewesen ein Lebensrecht fordern, dann steht man vor einem grundsätzlichen Dilemma. Da auch der Mensch ein Lebewesen ist und als solches im Dienst des Überlebens organische Substanzen zu sich nehmen muß, ist die Zerstörung von anderen Lebewesen die unabdingbare Konsequenz. Dieser Tatsache müssen wir nüchtern ins Auge sehen. Wenn man argumentiert, daß Tiere ein Recht auf Leben haben, dann muß man natürlich auch dem Menschen dies Recht zubilligen.

Aber ich habe bereits auf S. 16 darauf hingewiesen, daß wir Menschen dazu neigen, verschiedene Tierarten unterschiedlich zu bewerten. Unsere biophile Natur schließt nicht alle Spezies in gleicher Weise ein, unsere Sympathien gegenüber anderen Lebewesen sind begrenzt. Silberfischchen etwa sind flügellose Urinsekten mit weltweiter Verbreitung. Da sie wärmeliebend sind, halten sie sich in unseren Breiten vor allem in Häusern auf, wo sie sich von organischen Abfällen ernähren. Ich habe viele Leute, einschließlich meiner Frau (die alles andere als tierfeindlich ist), gefragt, wie sie zu diesen Geschöpfen stehen, wenn sie sie in der Küche finden. Keiner will sie haben; nicht in der Küche, nicht im Schlafzimmer, ja nicht einmal auf der Toilette. Aber das war zu erwarten.

Überhaupt kommen Vertreter der artenreichsten Klasse von Lebewesen, Insekten, bei uns im allgemeinen nicht gut weg. Schließlich finden sich unter ihnen auch Träger gefährlicher Krankheiten. So übertragen beispielsweise die Weibchen der Fiebermücken durch ihren Stich Malaria oder Gelbfieber – keine sehr heitere Angelegenheit. Der Erreger dieser gegefährlichen Krankheit, von der weltweit dauerhaft etwa zweihundert Millionen Menschen befallen sind, ist ein Einzeller der Gattung *Plasmodium*, der in der Fiebermücke parasitiert und von dem gleich vier für den Menschen gefährliche Arten bekannt sind. Weder diese Einzeller noch die Fiebermücken können unsere Sympathie genießen.

Auch andere Insekten, die uns stechen, stoßen naturgemäß auf Ablehnung, selbst wenn ihre Stiche harmlos sind und keineswegs unser Leben bedrohen. Darunter befinden sich zahlreiche Arten von Gelsen oder Schnaken, die uns während der Sommermonate belästigen. Wer kennt das nicht: Man freut sich, an einem warmen Sommerabend im Garten eines z. B. an der Donau idyllisch gelegenen Restaurants Platz zu nehmen, um dann – kaum hat man die Bestellung aufgegeben – schleunigst ins Lokalinnere gehen zu müssen, weil unzählige Stechmücken ihr Unwesen zu treiben beginnen. Harrt man dennoch aus, muß man versuchen, die Mücken loszuwerden. In der Regel gelingt das durch leichte Schläge an diejenigen Körperstellen, die gerade von den Mücken aufgesucht werden. Diese Schläge, die unter den Mücken Todesopfer fordern, sind vielfach mechanische Reaktionen, wie wir sie aus vielen unserer Lebensbereiche kennen. Wenn wir bei einem Spaziergang beispielsweise plötzlich ein ohrenbetäubendes Geräusch wahrnehmen, ducken wir uns »instinktiv« und suchen Deckung. Bestimmte akustische Reize lösen also in uns eine Ausweich- oder Schutzreaktion aus. Ebenso aktivieren taktile Reize – wie ein Kribbeln auf der Haut oder ein Insektenstich – eine bestimmte Handbewegung, die unserem Schutz dient. Diese Verhaltensweisen sind tief in unserer Stammesgeschichte verwurzelt und haben wichtige, lebenserhaltende Funktionen.

Bevor man also ernsthaft daran denkt, ein Prinzip wie das der Ehrfurcht vor allem Leben sei als Imperativ unserem Verhalten gegenüber anderen Lebewesen voranzustellen, sollte man sich immer solche konkreten Verhaltensweisen vor Augen führen. Der Mensch mußte sich immer schon vor anderen Lebewesen schützen, er konnte es sich nicht leisten, jeder Kreatur seine hütende Hand zu reichen. Allerdings hat unsere Zivilisation längst über das Ziel geschossen, wir haben bedenkenlos auch Arten ausgerottet, die für uns keine Gefahr darstellen. Manchen Spezies hat diese Zivilisation umgekehrt, was man auch nicht übersehen sollte, eine neue Lebensgrundlage geboten. Dabei bleibt an die Ratten zu denken, Kulturfolger, die bei vielen Menschen freilich nicht sehr beliebt sind und eine wahre Plage sein können. In der auf S. 37 erwähnten Zeitschrift *Abenteuer Natur* wurden sie von Helge Sieger als »echte Erfolgstypen« beschrieben, eine Armee von Milliarden von Individuen, die Giftattacken und sogar Atombomben übersteht. In der Tat ist diese mit größerer Artenzahl vertretene Nagetiergattung ein Musterbeispiel für evolutive Plastizität und Anpassungsfähigkeit. In unserer Kulturgeschichte spielt sie eine dramatische Rolle. Ratten sind Überträger und Verbreiter gefährlicher Krankheiten, so der Beulenpest, die im 14. Jahrhundert in Europa über zwanzig Millionen Menschen das Leben kostete. In Bombay erkranken heute noch jährlich etwa zwanzigtausend Menschen am Rattenbißfieber. Auch an Cholera und Typhus sind Ratten nicht unbeteiligt. Andererseits gelten sie als intelligente Tiere und wurden früher als Verbündete von Zauberern und Hexen angesehen. Manche ihrer Formen sind zahm und eignen sich als Geschenke für Tierliebhaber. Die weiße Laborratte hat es in der experimentellen Psychologie, in der Medizin und in der Pharmakologie zu großem Ruhm gebracht. In manchen Ländern gehören Ratten auf die Speisekarte. Man sieht: Der Mensch kann zu einer und derselben Gattung sehr unterschiedliche »Beziehungen« pflegen, wobei bestimmte kulturelle Faktoren ihre Bedeutung haben.

Stechmücken und viele andere Arten sind allerdings ausschließlich negativ besetzt. Zu sagen, daß auch ihnen ein Recht auf Leben zukommt, ist etwas schwierig. Aber die Rede vom »Recht auf Leben« ist in diesem Zusammenhang ohnehin nicht sehr sinnvoll. Das Auftreten unzähliger verschiedener Organismenarten ist keine juristische Frage, sondern eine Frage der

Evolution, die im Kampf ums Dasein jede »Lebensform« ermöglicht, die mit den jeweiligen Bedingungen gut zu Rande kommt und vielleicht noch ein wenig besser ist als andere. »Recht auf Leben« klingt so, als ob wir Menschen uns anmaßen dürften, darüber zu bestimmen, was es in der Natur geben darf und was nicht. Wohlgemerkt: Die Natur »braucht« uns nicht, sie existierte schon Milliarden von Jahren vor unserem Auftreten und wird noch existieren, wenn wir längst abgetreten sind. Ratten sind gute Kandidaten für Lebensformen, die einen von uns verursachten globalen ökologischen Kollaps überstehen könnten.

Wenn es um Artenschutz geht, können wir von unseren *menschlichen* Beziehungen zu der uns umgebenden Natur, zu einzelnen Arten, selbstverständlich nicht absehen. Wir müssen jedoch zwei Dinge auseinanderhalten: die »objektive« Existenz von Lebewesen und unsere Haltung zu einzelnen Arten. Selbst eine biologische Spezies, hat *Homo sapiens* seine Ressourcen optimal genutzt und verteidigt und sich unwillkommener Konkurrenten nach dem alten »Totschlägerprinzip« entledigt. Und jetzt denken manche seiner Exemplare darüber nach, welches Unrecht er begangen hat und wie solches Unrecht in Zukunft vermieden werden könnte. Aber ich glaube, daß das Problem auf diese Weise falsch gestellt ist. Der Mensch hat ja in erster Linie Angst um seine eigene Zukunft und ist nicht so sehr darüber besorgt, daß Millionen von Tierarten durch sein eigenes Zutun schon in absehbarer Zeit ausgelöscht sein werden. Diese Angst kann jedoch in Natur- oder Artenschutzprogramme sinnvoll eingebaut werden und ist besser als das biozentrische Argument.

Natur für uns

Wie erinnerlich, basiert das anthropozentrische Argument auf der Tatsache, daß der Mensch auf die ihn umgebende Natur angewiesen ist. Daß unsere ökonomischen Systeme, die die größte Naturkatastrophe bedeuten, auf Dauer nicht von der einseitigen Ausbeutung der natürlichen Ressourcen »leben« können, wird da und dort eingesehen. Das Fach *Umweltökonomie* beginnt sich als interdisziplinärer Ansatz der Verbindung ökonomischer mit ökologischer Fragen zu konturieren. Aufschlußreich dazu sind die

Beiträge in dem gleichnamigen Sammelband, den Martin Stengel und Kerstin Wüstner von der Universität Augsburg zusammengestellt haben. Andererseits sollte uns schon unser gesunder Hausverstand nahelegen, daß wir Pflanzen und Tiere brauchen – als Nahrungslieferanten und als Grundlage für Arzneimittel, um nur zwei sehr »praktische« Beispiele anzuführen – und daher sorgsam mit ihnen umgehen sollten. Auf wie vielfältige Weise uns viele Arten einen praktischen Nutzen erweisen, machen wir uns leider oft nicht mehr bewußt.

R. Kinzelbach hat unter den Rohstoffen, die wir aus dem Tierreich nutzen, zahlreiche angeführt, unter anderem Fleisch, Fett, Häute, Felle, Därme, Haare, Federn, Schildpatt, Horn, Seide, Wachs, Honig, Leder, Elfenbein, Zähne, Korallen, Perlen, Moschus, Guano und viele Pharmazeutika (z. B. Hormone und Vitamine). Dazu kommen noch Milch und Eier, ohne daß damit die Liste schon komplett wäre. Auch aus der Existenz von Pflanzen ziehen wir großen Nutzen. Zum direkten Verzehr eignen sich zahlreiche Baumfrüchte, wie Äpfel, Birnen und Nüsse, ferner Beeren und Weintrauben; die zahlreichen Gemüsearten können in rohem oder konserviertem Zustand oder gekocht gegessen werden. Pflanzen oder Pflanzenteile bilden außerdem die Grundlage für zahlreiche Getränke (Kaffee, Kakao, Tee, Wein, Bier, Schnaps), für Gewürze, Heilmittel und Kosmetika, und spielen bei der Produktion von Kleidern eine wichtige Rolle.

Menschen, die sich nicht davon überzeugen lassen, daß, wie der amerikanische Biologe David Ehrenfeld betont, die bloße Existenz der Artenvielfalt »ein eigenständiger Überlebensanspruch« ist, werden also vielleicht durch den Nutzen, den *wir* aus dieser Vielfalt ziehen, davon zu überzeugen sein, daß Pflanzen und Tiere unseres Schutzes bedürfen. Denn zu dem direkten, »praktischen« Nutzen, den wir aus der Existenz unterschiedlicher Lebewesen ziehen, kommen noch emotionale und ästhetische Aspekte. Wir erfreuen uns am Vogelgezwitscher, finden viele Pflanzen und Tiere schön und gewinnen aus ihrer Betrachtung Freude und Befriedigung. Natur ist nicht an sich schön, aber sie kann von uns als schön empfunden werden.

Doch die Leserin und der Leser werden schon ahnen, daß hinter dieser Aussage wieder ein Fragezeichen steht: Benötigen wir als Nahrungsgrundlage und als emotionalen und ästhetischen Stimulus tatsächlich zehn Millionen oder mehr Arten? (Jetzt einmal abgesehen davon, daß beispielsweise Silberfischchen und Stechmücken überhaupt niemand »braucht«.)

Bleiben wir daher zunächst noch kurz bei der Nahrung. Vor etwa zwölftausend Jahren begann der Mensch Pflanzen und Tiere zu züchten. Von den vielen Tierarten, die grundsätzlich in Gefangenschaft gehalten und gezähmt werden könnten, blieben am Ende doch nur relativ wenige als echte Haustiere übrig, unter den Säugetieren nur etwas mehr als ein Dutzend (darunter Schaf, Ziege, Pferd, Esel, Schwein und Rind). Diese »Selektion« hat gute Gründe. Jared Diamond gibt zu bedenken, daß fleischfressende Säugetiere nicht etwa deshalb als domestizierte Nahrungslieferanten ungeeignet wären, weil ihr Fleisch für uns zu zäh sei (er bezeugt persönlich, daß auch Löwenfleisch durchaus schmackhaft ist), sondern weil der Energieverbrauch dieser Tiere hoch ist und es sich aus ökonomischen Gründen nicht auszahlt, sie als Haustiere zu halten. Einen Löwen durchzufüttern ist eine relativ kostspielige Angelegenheit. Selbst viele Pflanzen- oder Allesfresser wie Koalas oder Bambusbären sind als Schlachtvieh ungeeignet, weil sie in ihren Ernährungsgewohnheiten sehr wählerisch sind und als Haustiere eben zu teuer kämen. Andere Arten, wie etwa Gorillas und Elefanten, die sowohl eine Menge Fleisch liefern würden, als auch ziemlich bescheiden sind, was ihre eigenen Nahrungsgewohnheiten betrifft, sind aufgrund ihrer langsamen individuellen Entwicklung als Haustiere ungeeignet. Fünfzehn Jahre verstreichen, bis Gorillas voll ausgewachsen sind. Ihre Zucht als Fleischlieferanten wäre mithin sehr unökonomisch.

Zartbesaiteten Naturen und strengen Vegetariern wird es heute wahrscheinlich beim bloßen Gedanken an die Abschlachtung von Koalas oder den Verzehr von Gorillafleisch übel. Aber die Entwicklungsgeschichte des Menschen war, wie die aller anderen Arten, von »ökonomischen« Prinzipien und nicht von Romantik und Sentimentalität bestimmt. Unter diesem Gesichtspunkt ist zu bemerken, daß selbst der Allesfresser Mensch mit relativ wenigen Tierarten sein Überleben sichern kann. Zum Fleisch domestizierter Tierarten (neben Säugetieren zählen dazu verschiedene Vögel wie Hühner, Enten und Gänse) und einiger Wildtierarten (Wildschwein, Reh, Hirsch, Fasan, Rebhuhn) kommen ohnehin noch Fische, Muscheln und andere Meerestiere (bei manchen Völkern auch Würmer, Leguane, Hunde und andere) mehr oder weniger regelmäßig auf den Tisch. Die Palette ist also, alles in allem, ziemlich bunt, nur gemessen an der viel größeren Zahl eßbarer Tierarten relativ bescheiden. Man mag jedenfalls keinen triftigen Grund erkennen, die enorme Vielfalt der Arten wegen unserer Ernährung zu schützen.

Da wir aber viele Arten noch nicht näher, andere überhaupt nicht kennen, da wir ferner nicht wissen können, in welche wirtschaftliche Krise wir uns manövrieren werden und wie wir die ständig steigende Zahl der Individuen unserer Spezies ernähren sollen, hätten wir schon einen guten Grund, mit der Vielfalt der Tierarten (und natürlich auch Pflanzenarten) sorgsamer umzugehen.

Es dürfte auf diesem Planeten genügend Nahrungsressourcen für die große Zahl der Menschen geben. Unserer Mißwirtschaft, die sich auf die Nutzung relativ weniger Arten konzentriert und die anderen Ressourcen blind zerstört, ist es jedoch zu verdanken, daß in weiten Regionen der Erde unzählige Menschen Hunger leiden und einen qualvollen Tod sterben.

Ich sehe mich keineswegs kompetent, zu dem in diesem Zusammenhang gegebenen großen Problemkomplex im Detail treffsichere Aussagen zu machen und konkrete Lösungen anzubieten. Daß die Schaffung von *Monokulturen* mittel- bis langfristig eine sehr unkluge Strategie ist, müßte aber jedem einleuchten. Ebenso einleuchtend ist es, daß die Nahrungsmittelhilfe, die der Westen vor allem afrikanischen Ländern (in der Regel durch Weizenlieferungen) gewährt, keine Dauerlösung des Hungerproblems in diesen Ländern sein kann. Dem deutschen Geographen Horst-Günter Wagner ist gewiß beizupflichten, daß diese Nahrungsmittelhilfe (etwa in Westafrika) kontraproduktiv ist: Sie »wirkt allen Bemühungen zur Steigerung der Eigenversorgung durch Grundnahrungsmittelproduktion entgegen und wandelt die Ernährungsgewohnheiten zu Ungunsten einheimischer landwirtschaftlicher Produktionsbedingungen« (1987, S. 203). Diese sind durch die Existenz verschiedener Pflanzen- und Tierarten bestimmt. Ihre Nutzung kann sich als höchst effizient erweisen. Wenn wir glauben, daß wir allein mit Weizen und Rindern die Welt retten werden, dann sind wir auf dem Holzweg. Es gibt Schildkrötenarten, die sich leicht züchten ließen und potentiell viel bessere Fleischlieferanten wären als Rinder. Doch was tun wir? Wir rotten solche Tierarten aus, siedeln jedoch Rinder überall an und schaffen damit enorme ökologische Probleme, die sich letztlich auf unsere Ökonomie negativ auswirken müssen.

Gehen wir jetzt von der Bedeutung der Artenvielfalt für die Ernährung zur Bedeutung dieser Vielfalt für die Medizin. Hierzu, wie auch zum Ernährungsaspekt, ist Wilsons Buch *Der Wert der Vielfalt* eine wahre Fundgrube an Einsichten. Wilson spricht von »verborgenen Schätzen« und betont, daß die bis heute bei Pflanzen- oder Tierarten entdeckten Heilstoffe nur einen Bruchteil heilsamer Substanzen darstellen; und daß wir mit vielen noch unentdeckten und unerforschten Arten, die wir täglich ausrotten, möglicherweise wertvolle Substanzen zur Bekämpfung von Krebs, AIDS, Herz- und Kreislauferkrankungen und anderen Leiden verlieren. Wilson argumentiert folgendermaßen:

> Über Millionen von Generationen hinweg hat jede Pflanzen-, Tier- und Mikroorganismenart mit chemischen Substanzen experimentiert, um jene herauszufinden, die ihren besonderen Bedürfnissen entsprach. Jede Art unterlag einer astronomisch hohen Zahl von Mutationen und genetischen Rekombinationen, die sich auf ihr biochemisches Wirkungsgefüge auswirkten. Die so zustandegekommenen experimentellen Produke wurden Generation für Generation von den erbarmungslosen Kräften der natürlichen Auslese getestet (1996, S. 348).

Besonders in den tropischen Wäldern dürfte noch eine Fülle von Substanzen im verborgenen liegen, die wir aber durch die permanente Rodung dieser Wälder sorglos zerstören. Josef H. Reichholf untermauert diese Annahme wie folgt:

> Der Tropische Regenwald ist mit Abstand das größte und vielfältigste Chemielabor der Erde. Was in ihm entwickelt worden ist, hat alle Umweltverträglichkeitsprüfungen bestanden. Die Vielfalt seiner Naturstoffe hat sich bewährt. Wofür oder wogegen sie gut sind, weiß man nur für ein paar Handvoll Stoffe. Myriaden chemischer Problemlösungen liegen in den biologischen Archiven der Pflanzen und Tiere (1991, S. 189).

Hier kann es also auch nicht darum gehen, ob eine bestimmte Pflanzen- oder Tierart unseren emotionalen oder ästhetischen Bedürfnissen entspricht. Sie kann aus ganz anderen Gründen für uns sehr wertvoll sein.

Bar jeder Naturromantik, auf der Basis nüchterner rationaler und ökonomischer Berechnung erweist sich also die Artenvielfalt als unschätzbarer Wert für uns. Mit der Zerstörung der uns umgebenden Natur ziehen wir uns selbst den Boden unter den eigenen Füßen weg. Auch wenn man dem biozentrischen Argument für den Arten- und Lebensraumschutz nichts abzugewinnen vermag, müßte das anthropozentrische Argument um so mehr überzeugen.

Damit soll *Homo sapiens* keineswegs wieder ins Zentrum der Natur gerückt werden. Aus evolutionstheoretischer Sicht, die das Fundament meiner Überlegungen bildet, wäre dieser Schritt auch vollkommen illegitim. Als egoistische Wesen, die wir – wie alle Organismenarten – nun einmal sind, verstehen wir die Erfordernisse des Naturschutzes aber wohl am besten dann, wenn es darum geht, unsere eigene Haut zu retten. Die Natur mit ihren mannigfaltigen Lebensformen existiert nicht für uns, aber wir sind von dieser Mannigfaltigkeit abhängig.

7. Was uns die Natur wert sein sollte

Tropenwald oder Disneyland?

In seiner Rede vor dem amerikanischen Kongreß vor nunmehr über einhundertvierzig Jahren erhob der Indianerhäuptling Seattle eine wortreiche Anklage gegen die Naturzerstörung und sagte unter anderem sehr treffend:

> Fahret
> fort, Euer Bett zu verseuchen,
> und eines Nachts werdet Ihr
> im eigenen Abfall ersticken.

Niemand konnte damals die wahren Ausmaße der Müllproduktion erahnen, die das ausgehende 20. Jahrhundert kennzeichnet. Keine andere Spezies produziert derart viel an Abfall wie der Mensch. Die großen Industrienationen gehen dabei mit einem bemerkenswerten Beispiel voran. Der Dreck – man verzeihe das drastische Wort –, der sich inzwischen auf unserem Planeten angehäuft hat, ist eine Folge der »Künstlichkeit«, in der wir heute leben.

Der Glaube, alles, was in der Natur produziert wird, durch die Mittel der Technik ersetzen zu können, gehört zu den Absurditäten – um nicht zu sagen Perversitäten – unserer Zivilisation. Science-fiction mag manchen zu der Hoffnung verleiten, daß wir eines Tages nicht nur in die Lage kommen werden, die ausgestorbenen Tier- und Pflanzenarten zum Leben zu erwecken, sondern auch, wenn es dann auf der Erde wirklich eng wird, ins Weltall auszuwandern, um uns auf fernen Planeten niederzulassen. Daß der Kosmos kein Fluchtraum ist, wie beispielsweise der deutsche Physiker Richard-Heinrich Giese zeigte, sollte uns unmittelbar einleuchten. Zwar kann es in den Weiten des Weltalls viele Planeten geben, die sich als Lebensträger eignen. In der nächsten Umgebung unserer Erde und unseres Sonnensystems suchen wir jedoch vergeblich danach. Wir werden also auch im weiteren mit der Erde vorlieb nehmen müssen. So hätten wir einen guten Grund, mit diesem Planeten etwas sorgsamer umzugehen, als wir das bisher taten.

In seinem Buch *Erdpolitik* geht Ernst Ulrich von Weizsäcker davon aus, daß die Tage eines »naiven ökonomischen Konsenses« schon gezählt sind und unser, das ökonomische Jahrhundert vom »Jahrhundert der Umwelt« abgelöst wird. Als das Buch vor zehn Jahren erschien, konnte Weizsäcker auf beängstigende Zahlen verweisen: Pro Sekunde werden etwa tausend Tonnen Erdreich abgetragen und abgeschwemmt; der Waldbestand der Erde nimmt jede Sekunde um dreitausend bis fünftausend Quadratmeter ab; pro Sekunde werden etwa tausend Tonnen Treibhausgase in die Luft geblasen; täglich sterben zehn bis fünfzig Tier- und Pflanzenarten aus. An diesen Zahlen hat sich inzwischen nichts Nennenswertes geändert, wenn wir einmal davon absehen, daß die Zahl der Organismenarten, die täglich aussterben, nach oben korrigiert werden muß. Damit ist es also schlimmer geworden. Ob es gerechtfertigt ist, das »Jahrhundert der Umwelt« zu erwarten, bleibt jedoch fraglich. Weizsäcker fordert für die Kultur eines solchen Jahrhunderts: »Natur, Tiere und Pflanzen müssen – wie in vielen Religionen – einen Wert an sich darstellen« (1989, S. 271). Er schließt seine Überlegungen an gleicher Stelle mit den Worten: »Die Erde verdient es, daß wir sie als unsere Heimat ansehen. Die Heimat, das wissen alle Kulturen, zerstört man nicht.« Das sind schöne Worte, niedergeschrieben von einem ernst zu nehmenden Denker, der aber auch die Augen vor der »Realpolitik« nicht verschließt. Trotzdem habe ich meine Zweifel.

Warum es schwierig ist zu akzeptieren, daß Tiere und Pflanzen einen Wert an sich darstellen, habe ich im letzten Kapitel darzulegen versucht. Was den Heimatgedanken in bezug auf die Erde betrifft, ist meines Erachtens ebenso Skepsis angebracht. Es ist zwar richtig, daß wir mit bestimmten Landschaften, die uns geprägt haben, mit Menschen, die uns von Kindheit an zugetan waren, positive Gefühle verbinden. Gegen das Wissen der Kulturen, daß man Heimat nicht zerstört, sprechen allerdings die vielen Bürgerkriege, von denen auch das 20. Jahrhundert, bis in unsere Tage, nicht verschont geblieben ist.

Zwei in der Natur des Menschen liegende Gründe sind es, die das nunmehr seit Jahren von Ökologen geforderte *Umdenken* erschweren. Zum einen interessiert den Menschen in allererster

Linie seine unmittelbare Zukunft. Unser kognitiver Apparat, den wir von unseren stammesgeschichtlichen Vorfahren geerbt haben, macht es uns entsetzlich schwierig, längere Zeiträume ins Kalkül zu ziehen. Es geht uns daher um die Gegenwart und die nächste Zukunft. Ich habe im kleinen Kreis immer wieder intelligenten Personen folgende Frage gestellt: »Nehmen wir an, jemand bietet Ihnen heute zehntausend Mark und stellt Sie vor die Alternative, das Geld jetzt zu nehmen oder darauf zu verzichten und dafür in zehn Jahren hunderttausend Mark zu erhalten – wie würden Sie sich entscheiden?« Beinahe überflüssig zu bemerken, daß sich bei diesem kleinen Gedankenexperiment die meisten Menschen für die zehntausend Mark *jetzt* entschieden haben. Denn, was man hat, das hat man – wer weiß, was in zehn Jahren sein wird . . . Zum zweiten ist uns Menschen der Drang nach unmittelbarer Triebbefriedigung angeboren. Für unsere prähistorischen Vorfahren war das, vor allem, wenn es ums Fressen ging, durchaus von Vorteil. (Man erinnere sich nochmals an das auf S. 98 Gesagte.) Hatten sie eine Beute, dann konnten sie es sich nicht leisten, mit dem Verzehr lange zu warten. Das wäre zu riskant gewesen. Wir verhalten uns heute genauso, nur geht es eben nicht mehr allein um Nahrung.

Diese beiden Neigungen sind für die rasante Zerstörung unserer natürlichen Umwelt mitverantwortlich. Daher sind heute die meisten Menschen mit dem Versprechen neuer Arbeitsplätze zu ködern. Welchem Politiker und welcher Politikerin man auch zuhört, zu ihren wichtigsten Anliegen gehört die Schaffung und Sicherung von Arbeitsplätzen (vor allem, weil sie selbst naturgemäß wiedergewählt werden wollen). Daß mit der Schaffung immer neuer Arbeitsplätze vieles zerstört wird, ist trivial (es will nur niemand hören). Daß wir auf einer durch unsere Arbeit zerstörten Erde allerdings auch keine Arbeitsplätze mehr benötigen werden, erscheint vielen offenbar als sehr fremder Gedanke.

Daher ist die Frage »Tropenwald oder Disneyland?« hier keineswegs eine bloß rhetorische. Der Mensch zerstört, was schon da ist, was ihn auch durchaus fasziniert – so etwa die Wildnis der Tropenwälder –, baut aber allerorten Vergnügungsparks, in denen zum Teil durchaus auch natürliche Phänomene simuliert werden. Nun ist ein Besuch im Tropenwald nicht so leicht einzurichten wie ein Sonntagsausflug in einen Vergnügungspark am Stadtrand, aber es muß ja auch nicht gleich ein tropischer Regenwald sein.

»Urlandschaften« sind bereits überall ökonomischen Interessen des Menschen gewichen, um eben dessen »Triebe« unmittelbar zu befriedigen.

Das Fatale ist, daß unseren Zeitgenossen von Politik und Wirtschaft und von den Medien ein Naturbild vorgegaukelt wird, das mit Natur im engeren Sinn nichts zu tun hat: nichts mit tropischen Regenwäldern, aber auch nichts mit den ursprünglichen Wäldern und Graslandschaften der gemäßigten Zonen. Aus Gründen, die im letzten Kapitel erörtert wurden, sollten wir schleunigst damit aufhören, die tropischen Wälder weiter zu zerstören, einen Lebensraum *für uns* bieten diese Wälder jedoch nicht. Von der Wildnis des Dschungels fasziniert zu sein ist eine Sache, in dieser Wildnis zu leben und zu überleben eine ganz andere. Niemand kann also ernsthaft von uns verlangen, in die Wildnis, dorthin zurückzukehren, woher unsere Gattung gekommen ist, aber niemand sollte so dumm sein, sich Disneyland als »Ersatz« für Natur verkaufen zu lassen. Ich habe nichts gegen Märchengestalten und meine, daß man Kindern Freude bereiten sollte. Aber Disneyland ist eine heile Welt, die Natur ist das nicht.

Die vom Menschen unberührte Natur bringt eben nicht nur Dinge hervor, die uns angenehm erscheinen. Sie schließt auch die Verbreitung von Krankheiten ein und erlaubt Mißbildungserscheinungen, deren Auftreten zarte Seelen zum Wegsehen auffordern. Jene – wenn auch seltenen – Fälle von Vögeln, die mit nur einem Flügel oder überhaupt flügellos zur Welt kommen (der dänische Zoologe Johannes Erritzoe gibt einen nüchternen Bericht darüber), sind dabei noch relativ harmlos. Aber in der Natur gibt es auch kein Erbarmen mit wehrlosen und mißgestalteten Geschöpfen. Ein flügelloser Mauersegler mag für einige Zeit dahindümpeln, lange kann er sich jedoch nicht am Leben halten. Erstens findet er nur mit Mühe Beute, zweitens wird er selbst nur zu schnell willkommene Beute von Räubern. Er kann weder von seinen Artgenossen noch von jenen Tieren, die das Fleisch seiner Sorte schätzen, Mitleid erwarten.

Man sollte sich auch nicht darüber täuschen, was ein Ökosystem *im Gleichgewicht* bedeutet: keineswegs einen paradiesischen Ort, an dem Pflanzen und Tiere in Frieden und Eintracht miteinander leben (würden sie das tun, würden sie verhungern). Spricht man sich daher für die Erhaltung eines *natürlichen* Lebensraumes aus, dann muß man auch all die »Grausamkeiten«, die sich in einem solchen abspielen, miterhalten. Pflanzenfresser, die nicht von Fleischfressern dezimiert werden, tendieren zu einer Steigerung ihrer Populationsgröße, die sich auf ihre einzelnen Individuen negativ auswirkt. Gras, wird es nicht von Pflanzenfressern »gelichtet«, beginnt (bei günstigen Witterungsbedingungen) zu wuchern und erstickt unter dem eigenen Wuchs. Gewiß, alles in der Natur hat seinen biologischen, ökologischen Zweck – wenn auch keinen »höheren Sinn«. In Disneyland – ich verwende diesen Begriff in einer weiten, übertragenen Bedeutung und meine damit nicht nur den berühmten Vergnügungspark in Anaheim (Kalifornien) – wird niemand gefressen; daher kann das mit Natur nichts zu tun haben.

Eine Natur mit lauter sanftmütigen Geschöpfen ist eine Erfindung unserer Kultur. Franz von Assisi (1182–1226) wird nicht nur eine große Liebe zu allen Kreaturen nachgesagt. Er soll auf Tiere auch eine zauberhafte Wirkung ausgeübt haben. So berichtet eine schöne Anekdote, er habe einen Wolf, der eine Herde Lämmer überfallen wollte, zur Rede gestellt, wonach der Wolf selbst wie ein Lamm zahm wurde. Wie der Wolf im weiteren überlebt hat, darüber gibt die Anekdote freilich keine Auskunft. Wölfe, die mit Lämmern spielen, statt sie zu fressen, würden vielleicht das Gemüt vieler Menschen befriedigen. Am Ende aber wären diese Wölfe bedauernswert, weil sie aufgrund ihrer eigenen Sanftmut eingehen würden. Lassen wir also Wölfe *Wölfe* sein – oder wir müssen uns ins Disneyland zurückziehen.

Der deutsche Zoologe August F. Thienemann (1882–1960), einer der Pioniere der modernen Ökologie, warnte bereits in den fünfziger Jahren vor großen Eingriffen des Menschen in die ihn umgebende Natur und sah die Hauptaufgabe der Ökologie darin, »widernatürliche Maßnahmen als solche zu erkennen und sie auf ein Mindestmaß zu beschränken« (1956, S. 131). »Widernatürlich« ist allerdings ein nicht unproblematischer Ausdruck. Solange der Mensch selbst eine biologische Spezies ist – und ich sehe nicht, auf welche Weise er etwas *prinzipiell* anderes werden könnte –, sind seinen eigenen Aktivitäten, auch die verrücktesten, selbst sozusagen ein Stück Natur. Allerdings hat mit ihm die Evolution eine Spezies hervorgebracht, die viel gefährlicher ist als alle anderen Arten. Da diese Spezies nicht zuletzt für sich selbst eine immense Gefahr darstellt, sollten wir also keinesfalls entlastet jubeln: »Hurra! Wir sind ja selbst Natur, wir können machen, was wir wollen.« Aber genau diesen Anschein erweckt der Mensch. Er erschafft sich Disneyland, erfreut sich seiner eigenen Erzeugnisse und glaubt, sich damit aus der Natur hinauskatapultieren zu können. Aber damit hat er längst jene Rolle übernommen, die in früheren Epochen der Erdgeschichte ausschließlich anderen Naturphänomenen vorbehalten war: die Rolle einer großen Katastrophe.

Während ich diese Zeilen schreibe, fegt gerade ein Hurrikan mit einer Geschwindigkeit von weit über zweihundert Stundenkilometern über einige Karibikinseln. Das menschliche Disneyland ist also sehr zerbrechlich. Die Zerstörungsgewalt anderer Naturphänomene hält unvermindert an ...

Werden wir uns einsam fühlen?

Nur zur Wiederholung: Unzählige Arten sind unter der Hand des Menschen schon hinweggerafft worden, und dieser Vernichtungsprozeß geht mit immer größerer Geschwindigkeit weiter. Wilson argumentiert, daß das Ziel einer ökologischen Ethik auf Dauer darin besteht, »nicht nur die Gesundheit und Freiheit unserer Art, sondern auch den Zugang zu der Welt zu bewahren, in der der menschliche Geist entstand« (1996, S. 429). Um es aber klar zu sagen: Die meisten Menschen in unseren Breiten interessieren sich weder für die »Gesundheit und Freiheit« ihrer *Art*, noch für jene Welt, in der – im Rahmen der Primatenevolution – unser Geist entstand. Sie interessieren sich für das Filmangebot im Fernsehen, für ein – abermals im Fernsehen übertragenes – Sportereignis, sind erschüttert über den frühen Tod einer englischen Prinzessin, ärgern sich über einen verpaßten Termin und wollen im übrigen ihre Löhne, Gehälter, Pensionen oder Arbeitslosengelder pünktlich ausbezahlt bekommen. Sie regen sich über viele Kleinigkeiten auf (die sie für ihr Leben natürlich nicht als »Kleinigkeiten« empfinden), hoffen auf sonniges Wetter am Wochenende und wünschen ansonsten ihre Ruhe. Menschen in anderen Regionen der Erde haben andere Probleme – sie kämpfen um das nackte Überleben, können aber eben aus *diesem* Grund auch kein ernsthaftes Interesse an der Gesundheit und Freiheit *unserer Art* und an der Welt, in der *unser Geist* entstand, entwikkeln. In dem auf S. 98 erwähnten Interview meinte Wilson sogar, daß wir uns einsam fühlen werden, wenn wir immer mehr Arten ausrotten, daß wir jetzt an der Schwelle zum Zeitalter des *Eremozoikums* (»Zeitalter der Einsamkeit«) stehen: »Wenn wir fortfahren, Arten auszulöschen wie bisher, wird die Menschheit für Millionen von Jahren zwar noch mit einer gewissen Artenvielfalt leben. Aber es werden soviel weniger Arten sein als heute, daß wir uns einsam fühlen werden.«

Nun wird die Menschheit, so wie die Dinge liegen, kaum noch für Millionen von Jahren existieren. Aber einsam fühlen wird sie sich in Anbetracht der immer geringer werdenden Artenzahl auch in den nächsten Jahrzehnten nicht. Wem, bitte, gehen heute Moas, Mammuts und Mastodonten wirklich ab? Es ist durchaus möglich, daß schon in absehbarer Zeit Störche, Iltisse, Baummarder, Igel, Feldhasen, Erdziesel, Tiger, Jaguare, Nashörner und Bambusbären – um nur einige der bekannten Arten und Gattungen zu nennen – von der Bildfläche verschwinden. Werden wir sie vermissen? Anders gefragt: Wer wird sie vermissen? Wer wird sich ohne sie einsam fühlen?

Ernst Mayr ist beizupflichten, wenn er in seinem Buch *Evolution und die Vielfalt des Lebens* bemerkt, daß nur wenige Menschen überhaupt eine Vorstellung davon haben, wie gewaltig die Vielfalt der Arten auf unserem Planeten ist. Daher werden die wenigsten Menschen bemerken, welche Arten schon ausgestorben sind. Vermissen kann man im Grunde nur das, womit man lebte, was man gut kannte. Wenn der eigene Hund den Weg allen Fleisches gegangen ist, dann vermissen wir ihn wenigstens für eine bestimmte Zeit. Mit Nashörnern verhält es sich schon etwas anders. Die heute heranwachsende Generation und die nächsten Generationen werden sich nicht einsam fühlen, wenn eine oder mehrere Millionen Tier- und Pflanzenarten ausgestorben oder ausgerottet sind. Wer mit Videospielen, Fernsehgeräten und Computern aufwächst, vermißt Artenreichtum nicht. Sollte es eines Tages, aus welchen Gründen auch immer, plötzlich keine Videospiele, kein Fernsehen und keine Computer mehr geben, dann wird sich weltweit eine Tragödie abspielen, und alle diejenigen, die von diesen Dingen von frühester Kindheit an begleitet worden waren, werden laut aufschreien. Wer hingegen kaum noch Feldhasen, Iltisse oder verschiedene Schmetterlingsarten gesehen hat, dem wird deren Verschwinden auch nicht auffallen. Da hilft es wenig, wenn Günter Altner auf den Eigenwert der Lebewesen und die unverwechselbare Ausprägung der Arten hinweist.

Längst haben wir uns an die vielen toten Tiere am Straßenrand gewöhnt, denn die Zivilisation fordert ihren Tribut. Schon vor über fünfundzwanzig Jahren schrieb dazu der Zoologe Joachim Illies folgendes:

> Rechnen wir aus, was die tägliche Verkehrslawine auf den Betonstraßen der ganzen Welt der Tierwelt an jährlichen Verlusten zufügt, so kommen wir leicht zu Zahlen von Milliarden. Manche Arten werden diesen ständigen Aderlaß an den schrumpfenden Beständen nicht lange mehr überstehen. Eines Tages wird es keine toten Igel mehr auf den Autobahnen geben und wird kein Wiesel mehr unter unsere Räder laufen, weil diese Tiere still und kaum bemerkt aus unserer Kulturlandschaft verschwunden sind (1973, S. 197).

Auch Büffel, Nashörner und Elefanten bemerken nicht, was sie alles zu Tode treten. Den Menschen, davon sind viele seiner Spezies nach wie vor überzeugt, darf man nie mit Tieren vergleichen. In Wahrheit *ist* der Mensch ein Tier, wenn auch ein viel gefährlicheres als alle die anderen. Das liegt an seinem Mehrbedarf an Raum und Nahrung.

Da der Mensch so gern auf seine Einmaligkeit als Spezies hinweist, muß auch immer wieder auf die Einmaligkeit und Unwiederbringlichkeit aller anderen, auch der unscheinbarsten Arten hingewiesen werden. Jede Spezies entstand in der Evolution nur einmal. *Jurassic Park* und ähnliche Kunstwerke der heutigen Filmindustrie vermitteln den Eindruck, daß sich eines Tages sogar Dinosaurier »wiederherstellen« lassen werden. Das dürfen wir getrost vergessen. Solche Dinge gehören ins Disneyland und haben mit der Wirklichkeit, der Wirklichkeit der Natur, nichts zu tun. Der Mensch ist zwar das erste Lebewesen, das sich in der gezielten »Manipulation« von Leben übt, aber die Evolution kann auch er nicht beschwindeln.

Nach Wolfgang Engelhardt dürften in den beinahe vier Jahrmilliarden, die seit der Entstehung des Lebens verstrichen sind, insgesamt einige Milliarden von Organismenarten gelebt haben. Genau werden wir das zwar nie wissen, aber es handelt sich auf jeden Fall um eine gigantische Zahl. Die heute lebenden Arten – mögen es zehn oder zwanzig Millionen (oder auch mehr) sein –

sind in der Tat nur ein winziger Bruchteil davon. Aber die erd-geschichtliche Gegenwart nimmt auch nur einen Bruchteil jenes gewaltigen Zeitraums ein, in dem die Evolution bisher wirkte. So gesehen gleicht das Verhalten des Menschen den anderen Arten gegenüber einem Blitzkrieg. Natürlich werden nicht *alle* Arten diesen Krieg verlieren. Behalten werden wir auf jeden Fall diejenigen, die wir bewußt in unsere Dienste gestellt haben (Haustiere und Nutzpflanzen), und selbst erhalten werden sich viele Arten, denen unsere Zivilisation nichts anhaben kann, sondern die – ganz im Gegenteil – durch diese Zivilisation erst zu ihrer vollen Blüte gelangt sind.

Von Ratten war dabei bereits die Rede. Wie gesagt, die vielen verschwundenen Arten und die, die noch verschwinden werden, werden dem Menschen kaum ein Gefühl der Einsamkeit vermit-teln. Wie gut sich der Mensch aber mit einer Tierwelt fühlen wird, die in der Hauptsache aus Ratten und verschiedenen Insekten-arten besteht, bleibt abzuwarten.

Die Nöte der Grünen

Nun soll niemand denken, ich hätte die vielen Bemühungen (auch auf politischer Ebene) übersehen, die auf Artenschutz hinaus-laufen. Ich weiß, daß es beispielsweise das *Washingtoner Arten-schutzabkommen* gibt, das den Handel mit gefährdeten freileben-den Pflanzen- und Tierarten untersagt. Gerade dieses Abkommen – dem zufolge Zollbehörden dafür Sorge zu tragen haben, daß die in Frage stehenden Spezies nicht irgendwo hinaus- oder hinein-geschmuggelt werden – wirft aber auch einiges Licht darauf, wel-chen »Wert« viele Menschen bestimmten Arten beimessen. So beschlagnahmten allein auf dem Frankfurter Flughafen Zoll-beamte in der ersten Hälfte des Jahres 1995 über achttausend Exemplare verschiedener exotischer Arten. Nach Wolfgang Engel-hardt waren unter anderem folgende Einzelsendungen (!) dabei: Dreihundertsiebzig lebende Geckos, dreißig lebende Echsen und Warane, fünfundsiebzig präparierte Hirschkäfer und vierunddrei-ßig lebende Boas. Solche Tiere werden zu gewerblichen Zwecken geschmuggelt. Viele Reisende bringen aber auch lebende oder tote Einzelexemplare als Souvenirs mit.

Das Washingtoner Artenschutzabkommen zeigt jedoch zugleich, wie schwierig es ist, Artenschutz auf gesetzlicher Basis zu regeln. Zum einen wurden in diesem Abkommen nur ungefähr achttausend Tierarten unter Schutz gestellt. Da die Listen gefährdeter Spezies jedoch stets länger werden, muß man auch die Listen dieses Abkommens ständig verlängern. Zum zweiten ist es in Einzelfällen schwer zu sagen, wie stark eine Art bedroht ist: Steht sie schon unmittelbar vor dem Aussterben, oder gibt es noch Hoffnung? Darf man also einzelne ihrer Exemplare noch als Reiseandenken mitnehmen oder nicht mehr? Das bedeutet, daß oft überhaupt nicht klar ist, ob eine Spezies unter das Abkommen gestellt werden soll oder nicht. Zum dritten schließlich ist das Einhalten des Abkommens in der Praxis immer schwieriger zu kontrollieren. Von Zollbeamten müßte man nämlich beachtliche zoologische (und botanische) Kenntnisse voraussetzen. Sie müßten insbesondere zahlreiche, dem Laien gewöhnlich unbekannte Arten kennen, da ohnehin kaum jemand auf die Idee kommt, Tiger oder Nashörner in einem Flugzeug etwa nach Deutschland zu schmuggeln.

Aber immerhin kann man eines sagen: Heute ist es nicht mehr erlaubt, Tiere und Pflanzen beliebig hin- und herzutransportieren (es sei denn, der amerikanische Präsident erhält von seinem chinesischen Amtskollegen einen Panda als Geschenk) und alles abzuknallen, was einem unter die Flinte kommt. Daß Tiere und Pflanzen des Schutzes bedürfen und insgesamt die uns umgebende Natur geschützt werden muß, ist freilich eine sehr späte Einsicht, die noch später in die Köpfe einiger Politiker gelangt ist. An dieser Entwicklung maßgeblich beteiligt waren die *Grünen*, die heute in verschiedenen Ländern politische Parteien bilden und in Deutschland seit kurzem sogar mitregieren dürfen. Zum Programm dieser Parteien gehörten von vornherein der Umweltschutz im weitesten Sinn und ein Verzicht auf Atomkraft. Solange die Grünen nicht im Parlament vertreten waren, waren sie mit ihren Forderungen ziemlich radikal. Ihre Nöte begannen überall erst, als sie sich im Parlament mit Vertretern anderer Parteien zusammenraufen mußten. Natürlich geht es mir hier nicht um eine Geschichte der Grün-Parteien, sondern um ein fundamentales Problem. Dieses kann ich sehr kurz darstellen, weil es sich aus früheren Kapiteln des Buches allemal ergibt. Zwei Punkte halte ich dabei für besonders wichtig.

Zunächst stellt sich die Frage nach dem Umweltbegriff. Wie bereits ausdrücklich betont wurde, ist die Umwelt des Menschen zumindest auf der nördlichen Halbkugel unseres Planeten weitgehend nicht mehr als *natürlich* zu bezeichnen. Unsere Landschaften sind meist Folgen der »Regulierungen« ursprünglicher Landschaften durch den Menschen. Das kann natürlich nicht heißen, daß wir sie auch zerstören dürfen oder sollen. Wir müssen uns aber verdeutlichen, daß in der heutigen Diskussion um *Naturschutz* eben nicht die ursprünglichen Landschaften gemeint sind, wie sie vor dem Auftreten des Menschen existiert haben. Hans Mohr drückt es klar aus: »›Umweltschutz‹ zielt auf die Erhaltung der natürlichen Grundlagen eines *kultivierten* menschlichen Lebens. Dies ist eine ganz andere Zielsetzung als Erhaltung oder Restaurierung von Natur« (1987, S. 63). Es geht also im Grunde genommen nur darum, zu retten, was – im Dienste des Lebens des Menschen (!) – überhaupt noch zu retten ist. Dazu haben die Grünen schon in der Vergangenheit sicher immer wieder wichtige Impulse gegeben.

Das zweite Problem besteht aber in einem Naturbegriff, der den tatsächlichen Verhältnissen nicht gerecht wird. Ich meine damit wieder eine romantisch verklärte Natur, mit der sich vielleicht gut Politik machen läßt, die aber mit *Natur* nichts zu tun hat. Ich unterstelle diesen Naturbegriff nicht pauschal den Grünen, aber er existiert in den Köpfen vieler Menschen und führt zu völlig falschen Erwartungen und Bewertungen den Naturschutz betreffend. Er führt genauso auch zu einer falschen Beurteilung des menschlichen Verhaltens. Mit einer *Ökodiktatur* ist ebensowenig zu erreichen wie mit anderen Diktaturen. Früher oder später lehnen sich die Menschen massiv dagegen auf. Wo Menschen meinen, um etwas betrogen worden zu sein, worauf sie glauben, ein Anrecht zu haben, dort bleiben Rebellionen auf die Dauer nicht aus.

Niemand kann so naiv sein, zu glauben, daß Menschen freiwillig darauf verzichten werden, was sie unter »gutem Leben« verstehen. Dazu gehören heute die Annehmlichkeiten unserer Zivilisation, die keine Selbstverständlichkeiten sind, an die sich aber die Nachkriegsgenerationen in den westlichen Industrieländern gewöhnt haben. Der Glaube an ständiges, unaufhaltsames Wirtschaftswachstum ist jedoch fatal. Genau hier haben wir eine schöne Analogie zum Wachstum von Ökosystemen, worauf auch Bernhard Verbeek hinweist. Wird beispielsweise in einem See die Produktion von Biomasse ständig und regelmäßig erhöht, dann entwickelt sich aus dem anfänglich prächtigen System letztlich eine stinkende Brühe, in der Organismen an ihrer »Eigenproduktion« ersticken. Viele scheinen zu glauben, daß das im Fall von Wirtschaftssystemen anders sei. Aber Systeme im allgemeinen können sich nur erhalten, wenn sie nicht über das Ziel schießen. Daher müssen sowohl die »Wirtschaftsoptimisten« als auch die »Naturkinder« ernsthaft gewarnt werden. Denn beide glauben an eine heile Welt und werden dabei Opfer ihres eigenen Wunschdenkens.

Der Physiker Peter Kafka meint in seinem gleichnamigen Buch, das *Grundgesetz vom Aufstieg* erkannt zu haben, und vertritt die Auffassung, in der Evolution müsse »fast alles Erreichte schließlich noch Komplexerem, Höherem, Besserem weichen« (1989, S. 72). Nein, es muß nicht! Die Parasiten, von denen es unzählige Arten gibt, zeigen uns das Gegenteil. Jedenfalls kommt kein Naturschützer an der simplen Tatsache vorbei, daß Natur überall dort am besten gedeiht, wo genügend zerstörerische Kräfte am Werk sind. Wie Lyall Watson (*Die Nachtseite des Lebens*) richtig bemerkt, erfordert der Evolutionsprozeß »kein von allen Unebenheiten gereinigtes Spielfeld, keine Stabilität und auch keine Ausgewogenheit, kein Gleichgewicht, sondern jene Art Unruhe in den Umweltbedingungen, die Veränderungen sowohl notwendig als auch profitabel macht« (1997, S. 75). Sollen wir also auf Naturschutz verzichten? Sollen wir uns bemühen, noch mehr Chaos in der Natur zu produzieren, damit es wieder Veränderungen gibt?

Chaos zu produzieren bereitet uns Menschen wahrlich keine Mühe. Mühe bereitet uns allerdings die Abschätzung der Konsequenzen unseres Handelns. Daher hat es auch so lange gedauert, bis – vereinzelt – die Katastrophe wahrgenommen wurde, die wir in letzter Zeit anrichten. Aber, wie gesagt, es geht uns Menschen natürlich um ein »gutes Leben«, und um dieses zu gewährleisten und – sei es auch nur kurzfristig – zu erhalten, ist uns jedes Mittel recht. Hunde können sich überall hinlegen und schlafen. Wenn man einem Hund allerdings Decken ausbreitet oder ihm erlaubt, in einem Bett zu schlafen statt draußen im Garten, dann wird er sich daran gewöhnen; er wird protestieren, wenn man ihn nach einiger Zeit wieder nach draußen befördern möchte. Vom Menschen darf man grundsätzlich nichts anderes erwarten, auch wenn ein Mensch natürlich nicht mit einem Hund *gleichgesetzt* werden darf. (Nebenbei ist es interessant, zu sehen, welchen Aufwand heutzutage viele Menschen treiben, um ihren Hunden ein »gutes Leben« zu garantieren.)

Wir sprechen gern von *Lebensqualität* und meinen damit hygienische Wohnverhältnisse, reines Trinkwasser, saubere Luft, ausreichende und ausgewogene Ernährung – und womöglich eine »grüne« Umwelt. Der amerikanische Chemiker Russell W. Peterson, seinerzeit Vorsitzender des Council on Environmental Quality, bemerkte in den siebziger Jahren, daß unsere Vorstellungen von Lebensqualität und unsere Wahrnehmung der Umwelt die längste Zeit nicht ökologisch begründet waren. Ich behaupte, daß – obwohl Ökologie längst auch zu einem medialen Schlagwort geworden ist – die Sache heute nicht wesentlich anders aussieht. Als Wissenschaft von den Wechselbeziehungen zwischen den Organismen und ihrer Außenwelt hat Ökologie zunächst nichts mit »grünem Denken« und mit unserer Lebensqualität zu tun.

Ökologen können uns allerdings sagen, wie jene Wechselbeziehungen funktionieren – und wie unsere eigene Spezies mit den ökologischen Kreisläufen verbunden ist. Autos, Flugzeuge, Ölraffinerien und andere Errungenschaften unserer Technik, auf die wir zumindest zum Teil unsere Auffassungen von Lebensqualität gründen, passen in diese Kreisläufe aber nicht gut hinein. Daher stehen wir nach wie vor vor einem großen Dilemma. Was wir unter Lebensqualität verstehen, läßt sich nicht mit Natur im ursprünglichen Sinn vereinbaren. In der Wildnis müßten wir auf Lebensqualität verzichten.

Der amerikanische Physiologe Barry Commoner hatte in seinem Buch *Science and Survival* warnend kritisiert, daß die Naturwissenschaft in ihrer Anwendung in der Technik Kräfte entfesselt habe, die wir in ihren Konsequenzen nicht mehr beurteilen können. Heute klingt das fast wie ein Gemeinplatz. In der Rückschau müssen wir feststellen, daß der Mensch in seiner ganzen Geschichte, von ihren dunklen Anfängen vor einigen Jahrmillionen bis heute, nie gewußt hat, welche möglichen und tatsächlichen Gefahren sein Verhalten und Handeln mit sich bringen wird. Auch darin unterscheidet er sich – seinem Bewußtsein zum Trotz – keineswegs von den anderen Spezies.

Hierin liegen nicht nur die eigentlichen Nöte der Grünen begründet, sondern unser aller Nöte wie auch die Nöte aller anderen Arten. Wenn sich bei irgendeiner Tierart bestimmte Strukturen exzessiv entwickeln, wie beispielsweise die auf S. 73 erwähnten Zähne der Säbelzahnkatzen, dann kann diese Entwicklung mittel- bis langfristig ins Auge gehen, auch wenn die betreffenden Tiere natürlich nichts dafür können. Unserer Gattung ist eine exzessive Gehirnentwicklung passiert, die enorme Vorteile mit sich brachte, heute aber zugleich verantwortlich ist für die größte Krise in der Evolutionsgeschichte.

Trotzdem »Ja« zum Leben?

Halten wir fest: Die Natur ist nicht für uns geschaffen, aber wir haben sie für unsere Zwecke umgestaltet. Gewiß, was wir heute in unseren Breiten vorfinden, sind weitgehend Kulturlandschaften, die mit Natur im ursprünglichen Sinn nicht mehr viel zu tun haben. Aber die einzelnen Pflanzen und Tiere in diesen Landschaften sind selbstverständlich Organismen geblieben, die sich nach ihren eigenen Gesetzlichkeiten fortpflanzen und entwickeln. Ein Baum bleibt ein Baum, gleichgültig, ob er vom Menschen gepflanzt wurde oder unabhängig vom Menschen entstand. Das bedeutet, daß wir auch in unseren Kulturlandschaften klarerweise auf die Vorgaben der Natur angewiesen sind.

Die Überschrift dieses Kapitels lautet »Was uns die Natur wert sein sollte«. Dabei geht es mir allerdings nicht um eine Quantifizierung jener Güter, die wir der Natur verdanken. Sehr wohl aber ist darauf hinzuweisen, daß wir Menschen, ähnlich anderen Lebewesen, so agieren, als sei die Verfügbarkeit von Ressourcen eine Selbstverständlichkeit. So haben wir in den westlichen Industriegesellschaften beispielsweise kaum eine Vorstellung davon, welch wertvolles Gut das *Trinkwasser* darstellt. Wir sind gewohnt, genug davon zur Verfügung zu haben, und machen uns überhaupt keine Gedanken darüber, wie viel davon wir täglich verschwenden. In anderen Regionen der Erde weiß man aus Erfahrung, was es bedeutet, wenn nicht genügend Trinkwasser vorhanden ist. Da wir in jedem Supermarkt massenweise Mineralwasser zu niedrigen Preisen kaufen können, scheint uns allein die Idee, Wasser könnte knapp werden, geradezu absurd. Welche Konsequenzen eine – in absehbarer Zeit durchaus denkbare – weltweite Wasserknappheit nach sich ziehen würde, entzieht sich ebenso unserer Vorstellungskraft. Mit Recht macht man sich mancherorts ernsthafte Gedanken über die zukünftige Trinkwasserversorgung. Der deutsche Geograph Gerhard Stäblein verweist auf die Bedeutung, die die Eisberge der Polarregionen als Süßwasserquelle haben. Er gibt aber auch zu bedenken, daß der vom Menschen nutzbare Eisvorrat der Erde durch die derzeit oft diskutierte Erwärmung der Atmosphäre drastisch schrumpfen könnte. Dabei dürfen wir diesen Eisvorrat keineswegs als selbstverständlich voraussetzen: In nur drei Prozent der seit der Entstehung der Erde verstrichenen Zeit kommt Eis in den Polarregionen und im Hochgebirge (Gletscher) vor. So gesehen hatten wir ja Glück – nun aber tragen wir auch zu einer Klimaänderung bei und sorgen dafür, daß diese wertvolle Ressource buchstäblich dahinschmilzt.

Den Wert der Ressourcen erkennt man eben erst dann, wenn sie nicht mehr verfügbar sind. Man stelle sich vor, jemand bietet uns als Geschenk einen Liter Wasser. Das wäre dann in unseren Augen ein äußerst geiziger, nicht gesellschaftsfähiger Mensch. Wenn er etwas schenken will, dann soll es auch »wertvoll« sein, eine goldene Uhr etwa; er kann uns ja auch diskret eintausend Mark zustecken oder zwei Flugtickets in die Karibik. Eine Flasche Wasser wäre hingegen ein ziemlich lächerliches, ja geradezu peinliches Geschenk. Doch können wir nur hoffen, daß sich die Situation nicht schon zu unseren Lebzeiten grundlegend ändert und Trinkwasser zur Rarität wird. Wir würden dann zwar jemanden, der uns einen Liter Wasser bringt, in die Arme schließen, unsere Lebenssituation wäre aber insgesamt katastrophal.

Katastrophal war und *ist* die Situation unzähliger Lebewesen (einschließlich Angehöriger unserer eigenen Spezies), da die Natur nun einmal nie das vom Menschen ersehnte Paradies darstellt. Religiöse Menschen können sich, selbst wenn sie erkennen, welche Dramen sich in der Natur täglich abspielen, immerhin damit trösten, daß es ein Jenseits gibt und dort das ewige Leben ohne Pein und Qual; daß Gott gerecht über alle richten wird und daß diejenigen, die seinen Vorstellungen gemäß hier auf der Erde gelebt haben, sich auf die Erlösung von allen irdischen Unbilden freuen dürfen. Dieser Glaube gehört selbst zu den Abgründen des Lebens. Kraft seines Bewußtseins ist der Mensch imstande, das in der Natur ständig stattfindende Gemetzel zu erkennen und seine eigene Unvollkommenheit wahrzunehmen. Es bleibt ihm dann, abgesehen von einer bewußten Verklärung der Natur, die Hoffnung, daß das ja nicht *alles* sein kann und »irgendwann« und »irgendwo« das »wahre Leben« beginnen wird.

Es kommt nicht von ungefähr, daß im Denken praktisch aller Völker der Glaube an ein wie auch immer geartetes »Seelenreich« vertreten ist und daß selbst die Naturwissenschaften immer wieder dazu herangezogen worden sind, die letztliche Dominanz des Psychischen zu »beweisen«. So meinte ein Autor aus dem frühen 20. Jahrhundert mit dem beziehungsvollen Namen Weinstein in seinem Buch *Der Untergang der Welt und der Erde*, daß »am Ende der Welt, was an Energie noch vorhanden ist, außer in Strahlung und potentieller Energie, sich in psychischer Energie zeigen muß« und daß das Leben als »Energie an sich« bleibt, »untätig wie in Buddhas Nirwana« (1914, S. 106). Für den kritisch-religiösen Menschen ist allerdings nicht zu übersehen, daß, wie Drewermann betont, die christliche Theologie nie eine Frage zu beantworten vermochte: »wie es möglich sei, die Menschlichkeit des Gottesbildes mit der Unmenschlichkeit der ›Schöpfung‹ zu vereinbaren« (1998, S. 428). Setzen wir nun aber anstelle der »Schöpfung« *Evolution durch natürliche Auslese*, dann bereitet diese Frage jedenfalls keine Schwierigkeiten mehr. Da die Evolution nicht »menschlich« ist, kann man von ihr nicht erwarten, etwas hervorzubringen, das unseren Idealen von Menschlichkeit entspricht. Aber dann bleibt uns auch jene Hoffnung versagt, derer sich der religiöse Mensch erfreuen darf: die Hoffnung auf das Paradies. Für mich gehört, wie bereits bemerkt, diese Hoffnung in die Abgründe des menschlichen Lebens, mit der Realität hat sie nichts zu tun.

Gibt es dann aber überhaupt noch irgendeinen Trost angesichts der Katastrophen der Natur, die wir Menschen nun noch durch die bisher größte Katastrophe »bereichern«? Es gehört zu den Grundproblemen menschlichen Denkens, hinter den realen Gegebenheiten einen tieferen Sinn erkennen zu wollen, der weder »objektiv« gegeben sein muß noch durch unser Denken je schlüssig bewiesen werden kann. Ich glaube, es ist viel einfacher, mit der Tatsache, daß die ganze Naturgeschichte eine Katastrophengeschichte ist, fertig zu werden, wenn man sich die krampfhafte Suche nach Sinn erst gar nicht aufbürdet. Daß wir heute da sind, verdanken wir einer ungeheuer langen Kette verwickelter Prozesse. Weder *Homo sapiens* noch irgendeine andere Spezies waren *a priori* vorgesehen. Aber jede der unzähligen Spezies aus der Gegenwart und der Vergangenheit entstieg sozusagen einem Leichengrab und ließ unzählige Arten als stumme Zeugen versunkener Welten zurück, um selbst nur für begrenzte Zeit zu existieren.

Manche Leserinnen und Leser mögen nun denken, daß aus einer solchen Sicht der Dinge die Frage, was uns die Natur wert sein sollte, überhaupt nicht mehr sinnvoll gestellt werden kann. Und wie will ich angesichts dieses Naturbildes »ja« zum Leben sagen?

Was die Frage nach dem Wert der Natur betrifft, so erlaube ich mir eine sehr einfache Antwort: Natur sollte uns so viel wert sein, wie uns unser eigenes Leben wert ist, unser eigenes Leben als Individuum und als Spezies. Ihr Wert *für uns* wird nicht geringer, wenn wir auf romantische Naturbilder verzichten und all die Katastrophen erkennen, die sich in ihr von jeher abspielen. Wir sind gar nicht gefragt, ob wir den Wettbewerb ums Dasein und die natürliche Auslese in der Natur gutheißen. Vielmehr haben wir zur Kenntnis zu nehmen, daß aus den vielen Verwicklungen der Evolution, als deren Folge viele Millionen von Arten auf der Strecke geblieben sind, auch wir hervorgegangen sind und daß wir die eigenen Ressourcen nur aus dem Leben und Sterben in der Natur gewinnen. Darin folgen wir der schon einleitend erwähnten evolutionären Logik, aus der wir uns auch nicht hinauskatapultieren können. Wir sind selbst Natur, ausgestattet mit uralten Strategien des Lebens und Überlebens, ausgerüstet mit einem starken Willen zum Leben, obwohl wir – im Gegensatz zu den anderen Lebewesen – um das Sterben, auch unser eigenes Sterben, *wissen*.

Camus sagt im *Mythos von Sisyphos*, es gebe nur ein wirklich ernstes philosophisches Problem, nämlich den Selbstmord. Ich halte mit E. O. Wilson (*Sociobiology*) dagegen, daß das falsch ist, weil das Grundproblem des Lebens seit vielen Äonen darin besteht, sich selbst zu erhalten, und weil jedes individuelle Lebewesen in der Regel danach strebt, so lange wie möglich am Leben zu bleiben. Den abstrakten, philosophischen Rechtfertigungsversuchen des Lebens geht also ein elementares, uraltes Prinzip voraus, nämlich schlicht und einfach zu leben. Kein individueller Organismus, keine Art und keine Gattung muß die eigene Existenz rechtfertigen. Auch der Mensch ist dabei keine Ausnahme. Es besteht kein Grund, uns dafür zu entschuldigen, daß wir da sind. Wir brauchen uns auch dafür nicht zu rechtfertigen, daß wir Ressourcen brauchen, Pflanzen und Tiere töten, um uns zu ernähren.

Von manchen Völkern ist bekannt, daß sie, wenn sie einen Bären getötet haben, diesen gleichsam kultisch verehren, obwohl er ihnen natürlich als wertvoller Fleischlieferant diente und mithin getötet werden mußte. Der Prähistoriker Karl J. Narr berichtete von einem »Bärenzeremoniell«, das verschiedene Völker während und nach der Jagd auf einen Bären veranstalten, wobei vor allem der tote Bär im Mittelpunkt steht und »durchweg als ein Gast behandelt wird, dem man Verehrung schuldet« (1961, S. 143). Das geschieht etwa nach dem Motto: »Wir verehren dich zwar, aber wir mußten dich im Dienste unseres eigenen Überlebens zur Strecke bringen.« Es besagt schon einiges, daß sich beim Menschen das Gewissen regt, wenn er ein Tier tötet und er sich gleichsam in einem Dilemma sieht. Notfalls aber entscheidet immer der eigene Überlebensdrang. Und nachher ist es dann immer einfach, sich bei dem erlegten Geschöpf zu entschuldigen.

Unsere streng arbeitsteilige Industriegesellschaft hat das Problem dadurch gelöst, daß die wenigsten Menschen, die Fleisch von irgendeinem Tier zu sich nehmen, dieses Tier je lebend zu Gesicht bekommen haben. Sie delegieren das Abschlachten an besondere Berufsgruppen, deren Vertretern man die sprichwörtliche Schlächtermentalität nachsagt, die uns aber verhungern lassen würden, wenn sie sehr feinfühlige Naturen wären, weil die meisten von uns selbst nicht mehr in der Lage sind, ein Tier zu töten, zu häuten und zu zerlegen. Ein Schlachthof ist kein schöner Anblick. Und ich bin mir dessen bewußt, daß vielen Tieren, bevor sie getötet werden, viel Leid zugefügt wird. Ich trete dagegen genauso ein wie gegen die »Schweinerei« der Tiertransporte oder das gewissenlose Abschlachten junger Robben, denen man blitzschnell die Haut abzieht. Ich bin ausdrücklich gegen Tierversuche im Dienste der kosmetischen Industrie und gegen das Töten von Wildtieren wegen ihrer Felle, mit denen sich dann irgendwelche Narren schmücken, bloß um in der Mode auf dem Höhepunkt der Zeit zu sein. Über solche Perversitäten will ich mich hier nicht weiter auslassen. Was die Beschaffung von Nahrung betrifft, ist jedoch der Glaube, daß alle Menschen Vegetarier werden könnten, aus unterschiedlichen Gründen naiv und sogar gefährlich. Würden wir die Rinder, Schweine, Ziegen, Hühner und andere Nutztiere aus unserer Obhut in die »Freiheit« entlassen, stünde ihnen das gleiche Schicksal bevor, das uns alle ereilte, wenn wir plötzlich in der Wildnis auf uns allein gestellt leben müßten. Die meisten von ihnen würden genauso wie die meisten von uns »da draußen« elend zugrunde gehen.

Aber das Thema dieses Buches war nicht die Beziehung zwischen dem Menschen und seinen Haustieren, auch nicht, wie wir Tiere, die uns als Fleischlieferanten ihre Dienste erweisen, behandeln sollen. Diese Probleme sind schon vielerorts abgehandelt worden, obwohl ihre ethische Brisanz nach wie vor gegeben ist. Mir geht es an dieser Stelle in erster Linie darum, daß wir auch unter den Prämissen, unter denen ich hier Natur beschrieben habe, »ja« zum Leben sagen können und daß der Begründungsaufwand dafür gar kein großer zu sein braucht. Unsere Existenz brauchen wir, wie gesagt, nicht zu rechtfertigen, weil das an und für sich schon eine ziemlich absurde Angelegenheit wäre. Weder kommt ein Mensch als Individuum auf eigenen Wunsch zur Welt, noch konnte unsere Gattung gefragt werden, ob sie entstehen will. Zu rechtfertigen haben wir nur einzelne unserer Handlungsweisen, und diese Rechtfertigung muß heute selbstverständlich auch unser Handeln gegenüber den anderen Lebewesen mit einbeziehen. Das im letzten Kapitel diskutierte anthropozentrische Argument möchte ich dabei nur nochmals in Erinnerung rufen.

»Ja« zum Leben muß aus meiner Perspektive keineswegs bedeuten, daß wir *allen* Lebewesen gleichsam unsere hütende Hand reichen. Daß das in unserem eigenen Interesse ohnehin nicht möglich ist und von niemandem ernsthaft verlangt werden kann, haben wir anhand der Stechmücken und krankheitserregenden Einzeller gesehen. »Ja« zum Leben bedeutet, den Tatsachen ins Auge zu sehen: die Natur nicht nur in ihren uns angenehm erscheinenden Aspekten zu sehen, sondern auch ihre »ewigen Zyklen« von Leben und Sterben, Geburt und Tod, Aufbau und Zerstörung zu erkennen und zur Einsicht zu gelangen, daß sich selbst ein Leben in diesem Schlamassel für jeden einzelnen von uns lohnen kann, wenn auch nur für begrenzte Zeit und ohne irgendeine noch so vage Aussicht auf das Paradies.

Für verwöhnte Romantiker und Schwärmer ist das gewiß zu wenig. Aber uns anderen bleiben dafür große Enttäuschungen erspart. Schließlich mag es als großartige Aussicht gewertet werden, daß wir grundsätzlich in der Lage sind, die Natur und unsere eigene Position in ihr zu *erkennen*.

Schlußbetrachtung:
Die Natur, die den Menschen schuf

Die Natur, die den Menschen hervorbrachte, entspricht nicht der Vorstellungswelt Rousseaus, sondern jener Darwins. Es ist eine Natur, in der Lebewesen Zähne, Klauen, Krallen, Hörner, Geweihe, Stacheln und Giftdrüsen einsetzen, um sich gegen andere Lebewesen zu verteidigen; eine Natur, in der Lebewesen andere Lebewesen fressen und selbst wieder von Lebewesen gefressen werden; eine Natur, in der es um das nackte Überleben geht, um die Sicherung von Raum und Nahrung und um Fortpflanzungserfolg. Bestimmte Lebewesen entsprechen unseren ästhetischen Vorstellungen und lösen positive Empfindungen in uns aus, bei anderen wiederum ist das keineswegs der Fall. Darwin selbst schrieb dazu:

> Wir können bis zu einem gewissen Grade verstehen, woher es kommt, dass in der ganzen Natur solche Schönheit herrscht; denn dies kann in grossem Masse der Thätigkeit der Zuchtwahl zugeschrieben werden. Dass nach unseren Ideen von Schönheit Ausnahmen vorkommen, wird Niemand bezweifeln, der einen Blick auf manche Giftschlangen, Fische, auf gewisse hässliche Fledermäuse mit einer verzerrten Ähnlichkeit mit einem menschlichen Antlitz wirft (1859 [1988, S. 546]).

Zur Klarstellung muß hier gesagt werden, daß die natürliche Auslese oder Zuchtwahl nicht darauf abzielt, Kreaturen hervorzubringen, die uns Menschen angenehm sind. Wäre dem so, dann wäre die Natur um unzählige Arten ärmer. Darwin hat zwar ein romantisches Naturbild zerstört, war aber auch noch nicht frei von Idealvorstellungen in bezug auf Natur.

Wir Menschen haben Ideale von Schönheit und projizieren diese in andere Lebewesen, aber das sagt überhaupt nichts über die betreffenden Lebewesen aus. Natürlich finden wir alle einen Tiger »schön«, obwohl er unser Leben bedrohen kann, während den meisten von uns vor einer Vogelspinne ekelt (deren Biß ist zwar schmerzhaft, aber nicht tödlich). Die Selektion hat die Geschöpfe gewiß nicht nach Kriterien »ausgewählt«, die unseren Maßstäben von Schönheit entsprechen. Das bedeutet nicht, daß wir nicht dennoch viele Lebewesen schön finden *können*. Unser Wahrnehmungsapparat ist so strukturiert, daß er uns von verschiedenen Formen, Farben und Tönen angenehme, ästhetische Gefühle vermittelt. Wir können diese Gefühle jedoch nicht für eine »objektive« Beschreibung und Erklärung der Natur einsetzen. Daher bedarf es, wie ich sagte und worüber sich heute viele Vertreter einer ökologischen Ethik einig sind, rationaler Argumente, wenn es um Naturschutz geht.

Die Natur hat uns Menschen nicht zu Naturschützern gemacht. Keine Spezies ist dazu geschaffen, andere Arten zu schützen oder auf sie Rücksicht zu nehmen. Im Gegenteil: Die Arten müssen sich voreinander fürchten, weil praktisch jede Beute einer anderen werden kann. Ob man nun im Sinn von Richard Dawkins von egoistischen *Genen* sprechen will oder nicht, eines scheint klar: daß nämlich der Egoismus in der Natur eine ungeheure Triebkraft darstellt. Zur Illustration ein Beispiel, das auch Dawkins heranzieht.

Pinguine sind uns allen gut vertraut, sie gehören zu jenen Geschöpfen, die bei uns positiv besetzt sind und durchaus angenehme Empfindungen hervorrufen. Nun haben die antarktischen Kaiserpinguine die Eigenschaft, am Rand des Wassers zu stehen und sehr zaghaft ins Wasser zu tauchen, um sich Nahrung zu holen. Dieses zaghafte Verhalten ist verständlich, denn jeder, der als erster ins Wasser geht, läuft Gefahr, von einer Robbe angegriffen und gefressen zu werden. Also warten sie alle, bis irgendeiner vielleicht doch vorangeht. Ist das aber längere Zeit nicht der Fall, kann es sogar vorkommen, daß die Pinguine versuchen, sich gegenseitig ins Wasser zu stoßen, nach dem uns gut bekannten Motto: »Laßt mich am Leben, nehmt den anderen!« Was uns bei den Pinguinen aber sicher besser gefällt, ist ihre Tendenz, bei großer Kälte und in Eisstürmen dicht zusammenzurücken und sich dadurch gegenseitig vor Kälte zu schützen. Doch übersehen wir zu gern, daß auch dieses Verhalten eine gute Portion Egoismus einschließt. Es geht dem einzelnen Pinguin dabei kaum in erster Linie darum, seinen Nachbarn das Überleben zu ermöglichen. Er selbst will am Leben bleiben, und das kann er bei großer Kälte eben am ehesten, indem er mit den anderen zusammenrückt, von deren Überleben er dann selbst wiederum profitiert.

Das eigene Überlebensinteresse hat auch in der Evolution unserer Gattung dazu geführt, daß kooperatives Verhalten früh entwickelt wurde. Dahinter aber irgendeine »Moral der Natur« erblicken zu wollen, wäre völlig verfehlt. Jeder einzelne Hominide hat sich von Anfang an so verhalten, daß er, solange es eben ging, am Leben blieb.

Nun habe ich in diesem Buch viele Beispiele herangezogen, die die zerstörerischen Kräfte der Natur, der Lebewesen, bezeugen sollten. Beispiele allein sind für wissenschaftliche Hypothesen, Theorien und Modelle allerdings unbefriedigend. Denn wenn man will, wird man in der Natur wahrscheinlich für jede beliebige Annahme irgendwelche Beispiele finden. Mein Vorteil besteht indes darin, daß es eine umfassende Theorie, die die Selbstzerstörung der Natur nahelegt und damit jede Naturromantik ad absurdum führt, schon gibt, nämlich die Evolutionstheorie, genauer gesagt die Selektionstheorie Darwins. Denkt man diese Theorie konsequent zu Ende, dann bleibt für jenes Naturbild, das viele Menschen so liebgewonnen haben, kein Platz mehr. Es handelt sich dabei um das Bild einer paradiesischen, friedfertigen, »guten« Natur, die uns heute nicht zuletzt auch durch das Werbefernsehen verkauft wird.

Ich möchte nun die wichtigsten Aussagen und Schlußfolgerungen dieses Buches nochmals kurz zusammenfassen:

1. Die Geschichte der Natur, also Evolution im weitesten Sinn – von der Entstehung des Universums bis zum Auftreten des Menschen – war eine Abfolge von Katastrophen. In der Erdgeschichte kam es wiederholt zu großen Katastrophen, zu Phasen des Massenaussterbens, in denen jeweils eine ungeheure Zahl von Arten innerhalb relativ kurzer Zeit hinweggerafft wurde.

2. Auch in »ruhigeren« Zeiten sind Arten immer wieder ausgestorben, das Aussterben von Arten ist mit der Evolution untrennbar verbunden. Keine Spezies ist für die Ewigkeit geschaffen, sondern immer nur ein »Modell« der Evolution, das früher oder später durch andere »Modelle« ersetzt wird. Daher ist die Zahl der bereits ausgestorbenen Arten um ein Vielfaches größer als die Zahl der noch lebenden.

3. Einzelne Lebewesen verursachen in ihrer Umgebung ständig »kleine« bis »mittlere« Katastrophen. Selbst »friedfertige« Pflanzenfresser zerstören anderes Leben, indem sie Nahrung auf-

nehmen. Da sie auch Platz brauchen, zertrampeln und verdrängen sie andere Lebewesen. Jeder Organismus kann nur auf Kosten anderer Organismen existieren.

4. Die wesentliche Triebkraft der Evolution ist die Selektion oder natürliche Auslese im Sinn Darwins. Sie wirkt auf der Basis einer geradezu verschwenderischen Fülle von genetischen Varianten und »wählt« dabei die jeweils tauglichsten aus. Dieser »Auswahlprozeß« kennt keine von vornherein gegebene Richtung, keine Absichten und keinen Sinn.

5. Das Leben jedes Organismus besteht in der Hauptsache darin, Nahrung, Raum und die Weitergabe der eigenen Gene zu sichern. Da jedes einzelne Lebewesen nur für relativ kurze Zeit existiert, bedeutet Überleben stets »genetisches Überleben«. Ihre Fortpflanzungsaktivitäten nehmen bei den Lebewesen daher eine zentrale Rolle ein.

6. Um das (genetische) Überleben zu sichern, haben Organismen eine Unzahl von Strategien entwickelt – Strategien der Nahrungsfindung, der Sicherung von Territorien, Fluchtstrategien und andere mehr. Es ist in der Natur nicht einfach, auch nur vorübergehend am Leben zu bleiben und sich dann noch erfolgreich fortzupflanzen. Damit dies gelingt, ist jeweils eine große Portion Egoismus notwendig.

7. Die Natur organisiert sich selbst, dabei entsteht ständig Neues. Dem Neuen aber weicht das Alte, so daß dem Konzept der Selbstorganisation das Konzept der Selbstdestruktion zur Seite gestellt werden muß.

8. Im Gegensatz zu diesen Tatsachen hat sich der Mensch ein Naturbild geschaffen, welches ihm ein Gefühl der Ruhe und des Friedens vermittelt. Seit alters wurde Natur als etwas »Gutes« gesehen und der zerstörerischen (menschlichen) Zivilisation gegenübergestellt. In Wahrheit folgt der Mensch mit seinem destruktiven Verhalten nur den zerstörerischen Potentialen, die in der Natur selbst liegen. Allerdings haben diese Potentiale mit dem Menschen und seiner Zivilisation eine neue Qualität angenommen und enorme Dimensionen erreicht.

9. Der Mensch ist verantwortlich für das derzeitige Massenaussterben, das viel größer ist als vergleichbare Ereignisse in der Erdgeschichte. Da er mehr Ressourcen für sich in Anspruch nimmt als irgendeine andere Spezies vor oder neben ihm, geht von ihm die denkbar größte Katastrophe in der belebten Natur aus.

10. Aufgrund der derzeitigen Situation müssen wir für den Artenschutz eintreten. Der Mensch ist aufgrund seiner emotionalen Grundausstattung allerdings nicht in der Lage, allen Lebewesen in gleichem Maße Sympathie entgegenzubringen. Vor vielen Arten muß er sich sogar in seinem eigenen Interesse schützen. Daher ist Artenschutz nicht mit dem Hinweis auf ein grundsätzliches Recht auf Leben für alle Arten zu begründen.

11. Da die Artenvielfalt jedoch für den Menschen noch ungeheure Ressourcen birgt, müßte es in seinem eigenen Interesse liegen, diese Vielfalt – oder das, was von ihr noch übrig ist – zu schützen.

Es steht zu befürchten, daß der Mensch jedoch seine Raubzüge durch die Artenvielfalt weiter fortsetzen wird, da von ihm offenbar keine größere Rücksicht auf seine Umgebung als von anderen Spezies zu erwarten ist, selbst wenn er rational begreift, daß er sich durch sein Verhalten selbst größten Schaden zufügt.

Der deutsche Biologe Hubert Markl, derzeit Präsident der Max-Planck-Gesellschaft, hat wiederholt davon gesprochen, daß Natur eine Kulturaufgabe sei. »Natur«, so sagt er, »wird Kulturaufgabe sein, oder sie wird nicht mehr sein. Und eine Kultur, die vor dieser Aufgabe versagte, würde damit auch sich selbst zerstören« (1989, S. 39). Kann man da widersprechen? Wenn aber Markl an gleicher Stelle auch sagt, wir hätten »die Natur ihrer Mittel beraubt, für sich selbst zu sorgen«, dann darf ich Widerspruch anmelden. Einzelne Lebewesen bedürfen unserer Fürsorge, gewiß, aber *die Natur* braucht uns nicht. Es gibt kein Muster, wie Natur auszusehen hat, welche Lebewesen zu existieren haben. Der Mensch kann eine Klimakatastrophe von ungeahntem Ausmaß verursachen, so daß er selbst zugrunde geht und mit ihm unzählige andere Arten aussterben – aber was wäre denn eine solche Katastrophe? Doch wiederum nichts anderes als eine Antwort der Natur, die sich damit auf »ihre Weise« selbst erhält, wohl ohne den Menschen und ohne die anderen Säugetiere, ohne Vögel und ohne Reptilien weiterexistieren würde. Aber sie würde eben weiterexistieren, vielleicht das Leben bestimmter Arten, die bisher ein Schattendasein geführt haben, sogar begünstigen.

Das klingt, wie ich zugebe, zynisch. Aber – man gestatte mir nun diese sehr anthropomorphe, der Verständigung dienende Ausdrucksweise – die Natur hat keine Träne geweint, als die Saurier von der Bühne verschwanden und als einmal eine Katastrophe über achtzig Prozent aller Arten auslöschte. Sie weint auch keine Träne um die täglich hungernden und verhungernden Kinder in den Ländern der Dritten und Vierten Welt, Geschöpfe, die nur zur Welt kommen, um gleich ein ungeheures Leid über sich ergehen zu lassen. Wie sollte sie? Auch die Diktatoren und Tyrannen dieser Welt, die ihre Untertanen in Kriege schicken und tagtäglich fürchterliche Gemetzel anrichten, weinen ja keine Träne um Leben, das, kaum erblüht, auch schon zerstümmelt auf dem Feld zurückgelassen wird. Und all jene Geschäftemacher, denen nur der eigene Profit heilig ist, weinen nicht um die Bäume und die anderen Pflanzen und Tiere, die den Rodungen der tropischen Wälder täglich zum Opfer fallen.

Wenn man vom Menschen Barmherzigkeit nicht erwarten kann – wie soll man sie dann von der Natur erwarten, die ja gerade in ihrer Unbarmherzigkeit auch den Menschen hervorgebracht hat und diesen nun wie ein schmales Schiff auf ihren gewaltigen Wogen trägt, die aber jederzeit über diesem Schiff zusammenschlagen und es in die Tiefe reißen können. Daß die Natur auf den Menschen Rücksicht nehmen wird, ist ein fataler Irrtum.

Um die Natur Sorge zu tragen ist für uns Menschen heute ein Gebot der Stunde, aber nicht, weil wir fürchten müßten, daß die Natur ohne uns hilflos sei. Wir Menschen sind es, die wir uns in die Hilflosigkeit begeben werden, wenn wir alle für uns wertvollen natürlichen Ressourcen ausgeschöpft und zerstört und diesen Planeten für uns unbewohnbar gemacht haben. Wir besitzen nämlich keinen anderen Ausweg als die Natur – dieser aber sind wir gleichgültig. Zurück auf die Bäume können wir nicht mehr, aber ob wir den Wert der Bäume für uns in anderer Hinsicht doch noch erkennen werden, bleibt die Frage.

Literatur

Aitken, G. M. (1998): Extinction. *Biology & Philosophy* 13, 393–411.

Altner, G. (1991): Naturvergessenheit. Grundlagen einer umfassenden Bioethik. Wissenschaftliche Buchgesellschaft, Darmstadt.

Arntz, W. und Fahrbach, E. (1991): El Niño. Klimaexperiment der Natur. Physikalische Ursachen und biologische Folgen. Wissenschaftliche Buchgesellschaft, Darmstadt.

Ayala, F. J. (1974): Biological Evolution: Natural Selection or Random Walk? *American Scientist* 62, 692–701.

Bernhard, T. (1984): Holzfällen. Eine Erregung. Suhrkamp, Frankfurt/M.

Birnbacher, D. (1980): Sind wir für die Natur verantwortlich? In: Birnbacher, D. (Hrsg.): Ökologie und Ethik. Reclam, Stuttgart (S. 103–139).

Birnbacher, D. (1991): Mensch und Natur. Grundzüge der ökologischen Ethik. In: Bayertz, K. (Hrsg.): Praktische Philosophie. Grundorientierungen angewandter Ethik. Rowohlt, Reinbek (S. 278–321).

Bölsche, W. (1923): Die Eroberung des Menschen. Vom Sieg schöpferischer Entwicklung. Reißner, Dresden.

Bowler, P. J. (1988): Evolution. The History of an Idea. University of California Press, Berkeley.

Bräuer, G. (1994): Vom Vormenschen zum Menschen. *Kosmos*, Heft 11 (November), 26–37.

Breidert, W. (Hrsg., 1994): Die Erschütterung der vollkommenen Welt. Die Wirkung des Erdbebens von Lissabon im Spiegel seiner Zeitgenossen. Wissenschaftliche Buchgesellschaft, Darmstadt.

Byerly, H. C. and Michod, R. E. (1991): Fitness and Evolutionary Explanation. *Biology & Philosophy* 6, 1–22.

Camus, A. (1942 [1991]): Der Mythos von Sisyphos. Ein Versuch über das Absurde. Rowohlt, Hamburg.

Cohen, M. R. (1978): Reason and Nature. An Essay on the Meaning of Scientific Method. Dover Publications, New York.

Cohn, J. (1998): A Dog-Eat-Dog World? *BioScience* 48, 430–434.

Colbert, E. H. (1965): Die Evolution der Wirbeltiere. Eine Geschichte der Wirbeltiere durch die Zeiten. Fischer, Stuttgart.

Commoner, B. (1967): Science and Survival. The Viking Press, New York.

Conrad-Martius, H. (1944): Der Selbstaufbau der Natur. Entelechien und Energien. Goverts, Hamburg.

Courtillot, V. and Gaudemer, Y. (1996): Effects of Mass Extinctions on Biodiversity. *Nature* 381, 146–148.

Darwin, Ch. (1859 [1988]): Über die Entstehung der Arten durch natürliche Zuchtwahl. Wissenschaftliche Buchgesellschaft, Darmstadt.

Dawkins, R. (1994): Das egoistische Gen. (2., ergänzte Aufl.) Spektrum

Akademischer Verlag, Heidelberg-Berlin-Oxford.

Dawkins, R. (1996): Gottes Nutzenfunktion. *Spektrum der Wissenschaft*, Januar, 94–100.

Dennett, D. C. (1997): Darwins gefährliches Erbe. Evolution und der Sinn des Lebens. Hoffmann und Campe, Hamburg.

Diamond, J. (1998): Arm und Reich. Die Schicksale menschlicher Gesellschaften. S. Fischer, Frankfurt/M.

Ditfurth, H. v. (1989): Innenansichten eines Artgenossen. Meine Bilanz. Claassen, Düsseldorf.

Dorst, J. (1972): Das Leben der Vögel II. (Die Enzyklopädie der Natur. Band 13) Editions Rencontre, Lausanne.

Drewermann, E. (1998): Der sechste Tag. Die Herkunft des Menschen und die Frage nach Gott. Walter, Zürich-Düsseldorf.

Dürr, H.-P., Meyer-Abich, K. M., Mutschler, H. D., Pannenberg, W. und Wuketits, F. M. (1997): Gott, der Mensch und die Wissenschaft. Weltbild Verlag, Augsburg.

Eckardt, W. R. (1910): Paläoklimatologie. Göschen, Leipzig.

Ehrenfeld, D. (1992): Warum soll man der biologischen Vielfalt einen Wert beimessen? In: Wilson, E. O. (Hrsg.): Ende der biologischen Vielfalt? Der Verlust an Arten, Genen und Lebensräumen und die Chancen für eine Umkehr. Spektrum Akademischer Verlag, Heidelberg-Berlin-New York (S. 235–239).

Engelhardt, D. v. (1981): Spiritualisierung der Natur und Naturalisierung des Menschen. Perspektiven der romantischen Naturforschung. In: Rapp, F. (Hrsg.): Naturverständnis und Naturbeherrschung. Fink, München (S. 96–110).

Engelhardt, W. (1997): Das Ende der Artenvielfalt. Aussterben und Ausrottung von Tieren. Wissenschaftliche Buchgesellschaft, Darmstadt.

Engels, F. (1884 [1989]): Der Ursprung der Familie, des Privateigentums und des Staats. Dietz, Berlin.

Erben, H. K. (1981): Leben heißt Sterben. Der Tod des einzelnen und das Aussterben der Arten. Hoffmann und Campe, Hamburg.

Erritzoe, J. (1990): Einflügelige und flügellose Vögel. *Natur und Museum* 120, 10–15.

Erwin, D. H. (1996): Das größte Massensterben der Erdgeschichte. *Spektrum der Wissenschaft*, September, 72–79.

Francé, R. H. (1926): Harmonie in der Natur. Franckh'sche Verlagshandlung, Stuttgart.

Friedenthal, R. (1968): Goethe und seine Zeit. Band 1. Deutscher Taschenbuch Verlag, München.

Giese, R.-H. (1989): Der Kosmos ist kein Fluchtraum. In: Franke, L. (Hrsg.): Wir haben nur eine Erde. Wissenschaftliche Buchgesellschaft, Darmstadt (S. 19–29).

Glanz, J. (1997): New Light on Fate of the Universe. *Science* 278, 799–800.

Glaubrecht, M. (1995): Der lange Atem der Schöpfung. Was Darwin gern gewußt hätte. Rasch und Röhring, Hamburg.

Gould, S. J. (1982): Darwinism and the Expansion of Evolutionary Theory. *Science* 216, 380–387.

Gould, S. J. (1998): Illusion Fortschritt. S. Fischer, Frankfurt/M.

Gowdy, J. M. (1997): Science-Driven Environmental Policy: Lessons from History and Prehistory. In: Dragan, J. C., Demetrescu, M. C. and Seifert, E. K. (eds.): Implications and Applications of Bioeconomics. Edizioni Nagard, Milano (pp. 183–198).

Gribbin, J. und Gribbin, M. (1994): Kinder der Eiszeit. Beeinflußt das Klima die Evolution des Menschen? Insel Verlag, Frankfurt/M.-Leipzig.

Gutmann, W. F. und Edlinger, K. (1994): Neues Evolutionsdenken: Die Abkoppelung der Lebensentwicklung von der Erdgeschichte. *Archaeopteryx* 12, 1–24.

Heer, F. (1954): Europäische Geistesgeschichte. Kohlhammer, Stuttgart.

Henke, W. und Rothe, H. (1997): Streifzug durch die Stammesgeschichte des Menschen. Morphologische und ökologische Aspekte der frühen Hominiden-Evolution. In: König, V. und Hohmann, H. (Hrsg.): Bausteine der Evolution. Edition Archaea, Gelsenkirchen (S. 115–158).

Hentschel, W. (1922): Vom aufsteigenden Leben. Ziele der Rassenhygiene. Matthes, Leipzig-Hartenstein.

Hoffman, A. (1986): Mass Extinctions, Diversification, and the Nature of Paleontology. *Revista Española de Paleontología* 1, 101–107.

Hölder, H. (1960): Geologie und Paläontologie in Texten und ihrer Geschichte. Alber, Freiburg-München.

Holmsten, G. (1972): Jean-Jacques Rousseau in Selbstzeugnissen und Bilddokumenten. Rowohlt, Reinbek.

Huxley, J. (1964): Die Grundgedanken des evolutionären Humanismus. In: Huxley, J. (Hrsg.): Der evolutionäre Humanismus. Zehn Essays über die Leitgedanken und Probleme. Beck, München (S. 13–69).

Illies, J. (1973): Die Zukunft der Tiere in der Zivilisation. *Universitas* 28, 197–203.

Jantsch, E. (1979): Die Selbstorganisation des Universums. Vom Urknall zum menschlichen Geist. Hanser, München-Wien.

Kafka, P. (1989): Das Grundgesetz vom Aufstieg. Vielfalt, Gemächlichkeit, Selbstorganisation: Wege zum wirklichen Fortschritt. Hanser, München-Wien.

Kinzelbach, R. (1989): Ökologie – Naturschutz – Umweltschutz. Wissenschaftliche Buchgesellschaft, Darmstadt.

König, B. (1997): Cooperative Care of Young in Mammals. *Naturwissenschaften* 84, 95–104.

Krohn, W. und Küppers, G. (Hrsg., 1990): Selbstorganisation. Aspekte einer wissenschaftlichen Revolution. Vieweg, Braunschweig-Wiesbaden.

Leakey, R. und Lewin, R. (1998): Der Ursprung des Menschen. Auf der Suche nach den Spuren des Humanen. Fischer Taschenbuch Verlag, Frankfurt/M.

Lugo, A. E. (1992): Schätzungen des Rückgangs der Artenvielfalt tropischer Wälder. In: Wilson, E. O. (Hrsg.): Ende der biologischen Vielfalt? Der Verlust an Arten, Genen und Lebensräumen und die Chancen für eine Umkehr. Spektrum Akademischer Verlag, Heidelberg-Berlin-New York (S. 76–89).

Lyell, Ch. (1857, 1858): Geologie oder Entwicklungsgeschichte der Erde und ihrer Bewohner. 2 Bände. Duncker & Humblot, Berlin.

Mann, G. (1973): Rassenhygiene – Sozialdarwinismus. In: Mann, G. (Hrsg.): Biologismus im 19. Jahrhundert. Enke, Stuttgart (S. 73–93).

Markl, H. (1989): Natur als Kulturaufgabe. In: Franke, L. (Hrsg.): Wir haben nur eine Erde. Wissenschaftliche Buchgesellschaft, Darmstadt (S. 30–39).

Martin, R. D. (1996): Hirngröße und menschliche Evolution. In: Sommer, V. (Hrsg.): Biologie des Menschen. Spektrum Akademischer Verlag, Heidelberg-Berlin-Oxford (S. 2–9).

May, T. (1993): Beeinflußten Großsäuger die Waldvegetation der pleistozänen Warmzeiten Mitteleuropas? *Natur und Museum* 123, 157–170.

Mayr, E. (1979): Evolution und die Vielfalt des Lebens. Springer, Berlin-Heidelberg-New York.

Mayr, E. (1994): . . . und Darwin hat doch recht. Charles Darwin, seine Lehre und die moderne Evolutionstheorie. Piper, München-Zürich.

Miller, A. I. (1998): Biotic Transitions in Global Marine Diversity. *Science* 281, 1157–1160.

Mocek, R. (1990): Natur. In: Sandkühler, H. J. (Hrsg.): Europäische Enzyklopädie zu Philosophie und Wissenschaften. Band 3. Meiner, Hamburg (S. 508–515).

Mohr, H. (1983): Leiden und Sterben als Faktoren der Evolution. *Herrenalber Texte* 44, 9–25.

Mohr, H. (1987): Natur und Moral. Ethik in der Biologie. Wissenschaftliche Buchgesellschaft, Darmstadt.

Myers, N. (1992): Tropische Wälder und ihre Arten: Dem Ende entgegen? In: Wilson, E. O. (Hrsg.): Ende der biologischen Vielfalt? Der Verlust an Arten, Genen und Lebensräumen und die Chancen für eine Umkehr. Spektrum Akademischer Verlag, Heidelberg-Berlin-New York (S. 46–53).

Narr, K. J. (1961): Urgeschichte der Kultur. Kröner, Stuttgart.

Oeser, E. (1992): Historical Earthquake Theories from Aristotle to Kant. *Abhandlungen der Geologischen Bundesanstalt Wien* 48, 11–31.

Peterson, R. W. (1975): The Quest for Quality of Life. *BioScience* 25, 166–171.

Preisinger, A. und Stradner, H. (1986): Massenaussterben vor 66,7 Millionen Jahren. War ein kosmisches Ereignis die Ursache? *Geowissenschaften in unserer Zeit* 4, 116–121.

Prigogine, I. (1989): What is Entropy? *Naturwissenschaften* 76, 1–8.

Raup, D. M. (1992 a): Der Untergang der Dinosaurier. Der Schwarze Stern »Nemesis« und die Auslöschung der Arten. Rowohlt, Reinbek.

Raup, D. M. (1992 b): Krisen der Vielfalt in erdgeschichtlicher Vergangenheit. In: Wilson, E. O. (Hrsg.): Ende der biologischen Vielfalt? Der Verlust an Arten, Genen und Lebensräumen und die Chancen für eine Umkehr. Spektrum Akademischer Verlag, Heidelberg-Berlin-New York (S. 69–75).

Reichholf, J. H. (1991): Der Tropische Regenwald. Die Ökologie des artenreichsten Naturraums der Erde. Deutscher Taschenbuch Verlag, München.

Reichholf, J. H. (1993): Biodiversität. Warum gibt es so viele verschiedene Arten? *Universitas* 48, 830–840.

Rensch, B. (1968): Biophilosophie auf erkenntnistheoretischer Grundlage. Fischer, Stuttgart.

Romme, W. H. und Despain, D. G. (1990): Die Yellowstone Brände: Feuer als Lebensspender. *Spektrum der Wissenschaft*, Januar, 114–123.

Ruse, M. (1998): Darwinism and Atheism: Different Sides of the Same Coin? *Endeavour* 22, 17−20.

Schaller, F. (1997): Lebensrecht und Artenschutz. *Biologie in unserer Zeit* 27, 317−321.

Schoedler, F. (1875): Das Buch der Natur, die Lehren der Physik, Astronomie, Chemie, Mineralogie, Geologie, Botanik, Zoologie und Physiologie umfassend. Band 2. (20. Aufl.) Vieweg, Braunschweig.

Schröder, I. (1995): Freiwillige, gezielte Reproduktionsbeschränkung beim Menschen − ein Widerspruch zur modernen Evolutionsbiologie? *Anthropologischer Anzeiger* 53, 277−284.

Shrader-Frechette, K. S. and McCoy, E. D. (1994): Biodiversity, Biological Uncertainty, and Setting Conservation Priorities. *Biology & Philosophy* 9, 167−195.

Sieger, H. (1993): Ratten. Echte Erfolgstypen. *Abenteuer Natur*, Nr. 6, 72−81.

Simpson, G. G. (1953): The Major Features of Evolution. Columbia University Press, New York-London.

Stäblein, G. (1992): Eisberge zur Wasserversorgung. *arcus* 19, 33−42.

Stanley, S. M. (1988): Krisen der Evolution. Artensterben in der Erdgeschichte. Spektrum Akademischer Verlag, Heidelberg.

Stengel, M. und Wüstner, K. (Hrsg., 1997): Umweltökonomie. Eine interdisziplinäre Einführung. Franz Vahlen, München.

Street, P. (1976): Die Waffen der Tiere. Fischer Taschenbuch Verlag, Frankfurt/M.

Taylor, G. R. (1983): Das Geheimnis der Evolution. S. Fischer, Frankfurt/M.

Thenius, E. (1979): Der Bambusbär − echter Bär oder ein großwüchsiger Katzenbär? *Natur und Museum* 109, 406−411.

Thienemann, A. F. (1956): Leben und Umwelt. Vom Gesamthaushalt der Natur. Rowohlt, Hamburg.

Verbeek, B. (1998): Die Anthropologie der Umweltzerstörung. Evolution und der Schatten der Zukunft. (3. Aufl.) Wissenschaftliche Buchgesellschaft, Darmstadt.

Vogel, Ch. (1989): Vom Töten zum Mord. Das wirklich Böse in der Evolutionsgeschichte. Hanser, München-Wien.

Voland, E. (1993): Grundriß der Soziobiologie. Fischer, Stuttgart-Jena.

Wagner, H.-G. (1987): Überbevölkerung, agrare Tragfähigkeit und deren geoökologische Grundlagen in Westafrika. In: Lindauer, M. und Schöpf, A. (Hrsg.): Die Erde unser Lebensraum. Überbevölkerung und Unterbevölkerung als Probleme einer Populationsdynamik. Klett, Stuttgart (S. 167−209).

Watson, L. (1971): Omnivore. The Role of Food in Human Evolution. Souvenir Press, London.

Watson, L. (1997): Die Nachtseite des Lebens. Eine Naturgeschichte des Bösen. S. Fischer, Frankfurt/M.

Weinich, D. (1997): Aussterben, Niedergang und Verfall. Röll, Dettelbach.

Weinstein, M. B. (1914): Der Untergang der Welt und der Erde. Teubner, Leipzig-Berlin.

Weis, K. (1998): Nehmen die Kränkungen des modernen Menschen und seines Bildes zu? In: Knoepffler, N. (Hrsg.): Am Ursprung des Lebens. Utz, München (S. 131−157).

Weizsäcker, C. F. v. (1948): Die Geschichte der Natur. Zwölf Vorlesungen. Hirzel, Zürich.

Weizsäcker, E. U. v. (1989): Erdpolitik. Ökologische Realpolitik an der Schwelle zum Jahrhundert der Umwelt. Wissenschaftliche Buchgesellschaft, Darmstadt.

Wilson, E. O. (1975 a): Sociobiology. The New Synthesis. Harvard University Press, Cambridge/Mass.-London.

Wilson, E. O. (1975 b): Slavery in Ants. Scientific American 232 (6), 32–36.

Wilson, E. O. (1984): Biophilia. The Human Bond With Other Species. Harvard University Press, Cambridge/Mass.-London.

Wilson, E. O. (1996): Der Wert der Vielfalt. Die Bedrohung des Artenreichtums und das Überleben des Menschen. Piper, München-Zürich.

Wolf, J.-C. (1993): Ist Ehrfurcht vor dem Leben ein brauchbares Moralprinzip? Freiburger Zeitschrift für Philosophie und Theologie 40, 359–383.

Wuketits, F. M. (1978): Der panpsychistische Identismus im Sinne von Rensch als Denkmöglichkeit moderner Naturphilosophie. Philosophia Naturalis 17, 10–30.

Wuketits, F. M. (1988): Evolutionstheorien. Historische Voraussetzungen, Positionen, Kritik. Wissenschaftliche Buchgesellschaft, Darmstadt.

Wuketits, F. M. (1995): Entwurzelte Seelen. Biologische und anthropologische Aspekte des Heimatgedankens. Universitas 50, 11–24.

Wuketits, F. M. (1996): Die Zukunft der Tiere. Universitas 51, 365–374.

Wuketits, F. M. (1997 a): Soziobiologie. Die Macht der Gene und die Evolution sozialen Verhaltens. Spektrum Akademischer Verlag, Heidelberg-Berlin-Oxford.

Wuketits, F. M. (1997 b): The Status of Biology and the Meaning of Biodiversity. Naturwissenschaften 84, 473–479.

Wuketits, F. M. (1998 a): Naturkatastrophe Mensch. Evolution ohne Fortschritt. Patmos, Düsseldorf.

Wuketits, F. M. (1998 b): »Fortschritt ist eine Illusion« (Interview). Psychologie heute 25 (5), 44–46, 48–49.

Wuketits, F. M. (1998 c): Eine kurze Kulturgeschichte der Biologie. Mythen, Darwinismus, Gentechnik. Wissenschaftliche Buchgesellschaft, Darmstadt.

Ziegler, W. (1983): Sterben, Aussterben und Ausrotten. Über den Tod der Organismen. Natur und Museum 113, 285–288.

Personenregister

Sachregister

Häufig vorkommende Begriffe (vor allem »Natur« und »Evolution«) werden nur für diejenigen Seiten nachgewiesen, auf denen sie genauer erörtert werden oder in einem speziellen Zusammenhang vorkommen. Von den verschiedenen im Text erwähnten Tierarten, -gattungen usw. wurden nur diejenigen aufgenommen, die auf den jeweiligen Seiten spezielle Bedeutung haben.